BURGHARD BARTOS

ABENTEUER WWF

NATURSCHUTZ WELTWEIT

WWF

UEBERREUTER

CIP-Titelaufnahme der Deutschen Bibliothek

Bartos, Burghard:
Abenteuer WWF: Naturschutz weltweit/Burghard Bartos.
WWF. – Wien: Ueberreuter, 1990
ISBN 3-8000-1452-1

Autor und Verlag danken dem WWF und den folgenden Bildautoren für die Abdrucksgenehmigung:
WWF: S. 8, 11 (Mauri Rautkari), 12, 14, 16, 17, 18 (Simon Michel), 19, 20, 25 rechts, 40, 42, 44, 45, 46, 49 (W. Walter), 51, 53 (Söllner), 56 (Sir Peter Scott und Cecile Curtis), 58, 60, 67, 68, 70 links (Kratzer), 75 links (Olivier Langrand), 75 rechts (J. J. Petter), 77 (J. Kamien).
WWF und IUCN: S. 22, 23, 24, 25 links, 26–29, 32, 34, 36, 37, 65, 72
WWF und ICCE: S. 73
Kartographie Monika Gaugusch: S. 70 rechts und 79, nach Vorlagen des WWF
Regina Zwerger: S. 33
Die Panda-Vignetten am Beginn der einzelnen Kapitel sind Skizzen von Sir Peter Scott (1961), aus denen das Emblem des WWF entwickelt wurde.

J 1827/1

Umschlag von Atelier Graupner & Partner, München, unter Verwendung eines Fotos des WWF (Jaguar) sowie des WWF-Emblems

Druck und Bindung: Carl Ueberreuter Druckerei Ges. m. b. H., Korneuburg
Printed in Austria

Inhalt

DAS ERSTE KAPITEL

in dem erzählt wird, wie mit einem Zeitungsartikel alles angefangen hat, einem Brief, ein paar Gesprächen, mit einer kleinen Zeichnung und 3 000 Pfund, und alles nur, weil jemand sich gesagt hat: Ich darf nicht alle Schwierigkeiten anderen überlassen

»Man müßte, man müßte, man müßte!« Aufgebracht legte Victor Stolan seine Londoner Sonntagszeitung zur Seite. Er war Geschäftsmann, und er war es nicht gewohnt, lange um eine Sache herumzureden. »Nicht *man müßte* etwas tun, sondern *ich muß*«, sagte er, »und *ich werde.*«

Dann las er den Zeitungsartikel noch einmal; las von Afrika, las von Elefanten und Nashörnern, von Gazellen und Giraffen, von Löwen und Leoparden, las von immer mehr Bauern, die immer mehr Land unter den Pflug nahmen, las von immer mehr Ziegen, Kühen und Schafen, die ganze Landstriche kahlfraßen, las von Wilderern, die rücksichtslos jedes Tier abknallten, um Zähne, Fell und Horn zu verkaufen. Und er las, daß es nun diese wilden Tiere in vielen Teilen Afrikas schon nicht mehr gab, wo es vor fünfzig Jahre noch von ihnen gewimmelt hatte.

Geschrieben hatte den Zeitungsartikel ein Sir Julian Huxley, Direktor des Londoner Zoos und auch sonst ein hohes Tier. Schnell mußte geholfen werden, schnell und umfassend, das sprang Victor Stolan in die Augen. Und als Geschäftsmann wußte er, daß so etwas am ehesten mit Geld zu machen war. Also nahm er einen Bogen Briefpapier und schrieb an Sir Julian Huxley.

»Nur zaghaft füge ich den vielen Briefen, die Sie erhalten haben müssen, den meinen hinzu . . . Ich habe einige Ideen, beträchtliche Spenden zusammenzubringen, kenne aber keine Person von genügendem Einfluß, mit der ich darüber sprechen könnte, wie

man möglichst rasch einige Millionen englische Pfund bereitstellt.«
Sir Julian Huxley war begeistert, als er den Brief bekam. Was las er darin? »Es muß einen Weg zum Gewissen, zum Herzen wie zum Stolz und zur Eitelkeit der ganz Reichen geben, einen Weg, sie dazu zu bringen, mit beiden Händen tief in die Taschen zu greifen. Wenn in Afrika gerettet werden soll, was von der ursprünglichen Wildnis noch übrig ist, müssen alle diejenigen, die sich mit ihren Reichtümern ein strahlendes Denkmal setzen könnten, ohne falsche Rücksicht dazu aufgefordert werden.«
Eine tolle Idee: Geld von denen zu fordern, die es sich leisten können. Nicht kleckern, sondern klotzen!

Jetzt zog die Sache Kreise. Huxley sprach mit Max Nicholson, dem Direktor der größten englischen Naturschutzorganisation. Nicholson leuchtete die Sache sofort ein, er sprach mit Sir Peter Scott, dem bekannten Künstler und Vogelkundler.
Scott probierte es in Amerika. Dort war kein Geld zu holen für ihre Sache. Aber zurück in England, sprach er mit Guy Mountfort, dem Direktor einer weltweiten Werbeagentur.
Etwa vier Monate nach Victor Stolans Brief hatte Max Nicholson eine Denkschrift entworfen. Er nannte sie *Rettung für die freilebenden Tiere und Pflanzen der Erde, Saving the World's Wildlife.*
Auf ihrer nächsten Sitzung machten die Männer diese Schrift zur Grundlage für die

Sir Peter Scott

neue Stiftung, den ***World Wildlife Fund,*** den **WWF;** sie hatte den Untertitel: *Naturschutz braucht Geld.* Wenn mit der Zerstörung der Natur viel Geld zu verdienen war, dann brauchte es auch viel Geld, um die Natur zu retten. »Mit Geld können wir Schutzgebiete kaufen und bewachen, mit Geld können wir Fachleute und Wissenschaftler dorthin schicken, wo sie notwendig sind.«
Auf einer Weltkarte sollte eingetragen werden, in welchem Land welche Tiere und Pflanzen bedroht waren, damit man einen Überblick bekam und gezielt helfen konnte. Und dann brauchte der WWF dringend einen Freundeskreis, eben die ganz Reichen, die schnell viel Geld aufbringen konnten.
Zehn Geldgeber und Naturschützer sollten den WWF leiten, nur nicht zu viele Wissen-

schaftler, das wurde beschlossen; Wissenschaftler gab es in den anderen Naturschutzorganisationen genug, die nur auf genügend Geld warteten, um an die Arbeit zu gehen. Und genau dieses Geld wollte der WWF beschaffen. Also brauchte man Geschäftsleute im Vorstand, Manager.

Schon auf der allerersten Sitzung des Komitees hatte jemand gefragt: »Was nehmen wir eigentlich für ein Erkennungszeichen? Wir brauchen doch unbedingt ein Symbol.« Eine gute Frage: Ein Tier sollte es sein, da war man sich schnell einig; ein seltenes Tier am besten, vielleicht eines der bedrohten Tiere Afrikas.

Auf der nächsten Sitzung kam der erste Vorschlag auf den Tisch, eine kleine Skizze. »Das ist doch Chi-Chi!« – »Chi-Chi, natürlich.« Es war der Liebling aller Londoner Zoobesucher, Chi-Chi, ein Großer Panda. Keine Einwände oder Gegenvorschläge, kein Suchen: der WWF hatte sein Symbol. Sir Peter Scott vereinfachte die Skizze immer mehr, bis der Große Panda so aussah, wie er seither auf vielen Millionen Büchern und Broschüren zu sehen ist, auf kleinen Ansteckern und riesigen Plakaten, auf Flugzeugen, auf Schiffen und Autos und überall dort, wo die Leute vom WWF ihre Arbeit machen.

Im Juni 1961, ein halbes Jahr nach Victor Stolans Brief, eröffnete die Umweltstiftung WWF ihr erstes Bankkonto, mit 3 000 englischen Pfund. Am selben Tag kam schon die erste Bitte um Spendengeld; für 60 000 Pfund Sterling sollten unersetzliche Sumpfgebiete am Fluß Guadalquivir in Spanien gekauft und vor dem Trockenlegen gerettet werden.

Dann kam der 11. September 1961; in Zürich wurde der WWF nach schweizerischem Recht als Verein eingetragen; und am 26. September wurde der WWF aus der Taufe gehoben von SKH Bernhard Prinz der Niederlande als dem Gründungspräsidenten.

Prinz Bernhard selbst forderte 1 000 Wohlhabende dieser Erde auf, je 10 000 Dollar für den WWF zu spenden.

Es war ein Plan wie aus Tausendundeiner Nacht; 1 000 Wohlhabende und Prinz Bernhard bildeten den *Club 1001.* Das brachte über Nacht 10 Millionen Dollar ein, den Grundstock, von dem bis heute die Mieten für die Büros und das Gehalt für die Angestellten, die Telefone und Schreibmaschinen bezahlt werden.

Wenn also heute der WWF eine Mark bekommt, dann gibt er davon 100 Pfennige für den Naturschutz aus.

DAS ZWEITE KAPITEL

in dem von langen Zähnen die Rede ist und langen Nasen, von Fahrrädern und Hubschraubern, Gewehrgranaten und Gold, von Rauch und Einbildung, von viel Eitelkeit und wenig Einsicht und davon, daß der Naturschutz jeden von uns angeht, weil er auch jeden betrifft

Vorsichtig kam die Elefantenkuh aus dem Schatten der Zweige, halb nur. Sie sicherte lange, sog die Luft durch den erhobenen Rüssel. Nervös spielten ihre Ohren.
Minutenlang stand sie so. Dann senkte sie plötzlich den runzligen Rüssel, riß ein Büschel Gras aus und schlug es auf den Boden, daß die rote Erde spritzte. Sie machte zwei, drei Schritte nach vorn, und dabei steckte sie das Büschel Gras ins Maul.
Darauf hatten die beiden kleinen Elefanten hinter der Leitkuh nur gewartet. Mit erhobenem Schwanz und angelegten Ohren galoppierten sie über die Lichtung auf das Wasserloch zu; ihre Mütter hatten zu tun, daß sie hinterherkamen. Die beiden Kleinen planschten ins Wasser, spritzten, ließen sich ins Kühle fallen; einer trompetete hell und dünn. Dann hatte die ganze Herde mit fächelnden Ohren das Wasserloch erreicht, blieb am Ufer stehen. Behutsam zogen die Tiere das Wasser im Rüssel hoch, spritzten sich einen dicken Strahl ins Maul; dreimal, fünfmal, immer wieder.
Nun gingen auch die erwachsenen Elefanten in dem trüb gewordenen Wasser baden, legten sich prustend auf die Seite, einer spritzte dem anderen die braune Brühe über den Rücken. Mittendrin tauchten die beiden kleinen Elefanten mal auf und mal unter, streckten den borstigen Rüssel aus dem Wasser und schubsten sich. Und während die anderen sich im Schlamm wälzten, hielt die Leitkuh immer den Kopf über Wasser.

Noch gibt es Elefanten, aber die Herden sind klein geworden.

Es klang wie das Summen einer wilden Biene, wurde zuerst nur unmerklich lauter. Die Leitkuh hatte Zeit, sich an das Summen zu gewöhnen. Plötzlich kam etwas brüllend hinter dem Hügel herauf. Donnerte über die Bäume auf das Wasserloch zu.
Die Leitkuh trompetete. Das Wasser um sie her kochte auf, die kleine Herde versuchte zu fliehen, heraus aus dem zähen Schlamm, weiter über das freie Gras auf die Bäume zu. Aber es war schon zu spät. Der Hubschrauber pendelte sich kurz ein über der Wasserfläche, dann peitschten die Garben aus einem Maschinengewehr, rissen kleine Trichter ins Gras, erreichten die Herde. Zwei Elefanten sackten zusammen, ein dritter raste weiter, hinkend, hustend, wollte bei der Herde bleiben.
Der Hubschrauber kippte nach vorn, zog mit, zog der Herde nach, zweihundert, dreihundert Meter, überflog die Herde, drehte, stand in der Luft, gab dem Schützen freies Feld.
Die Herde drehte ab im vollen Lauf, die Babys in der Mitte, geschützt hinter den Leibern ihrer Mütter. Wieder peitschten die Schüsse, wieder drehte die Leitkuh ab. Das Blut, das hinter ihrem Ohr hervorquoll, zerlief auf der nassen Haut zu einer breiten Bahn. Sie stolperte, raste weiter, stolperte

Das war einmal ein Elefantenschädel.

wieder, knickte ein und stürzte ins Gras. Dann kam die nächste Garbe, traf die Leitkuh in den schweren Leib, warf ihr den Kopf herum.

Der Hubschrauber setzte auf. Zwei Männer stürzten heraus, rannten auf die zuckende Leitkuh zu. Und während der eine ihr zwei Schüsse hinter dem Ohr in den Schädel setzte, riß der andere am Starterseil herum, bis seine Kettensäge aufkreischte.

Jeder Handgriff saß. Der erste Sägeschnitt ging schräg über die Backe der Leitkuh, tief in den Kiefer hinein, der ein Drittel der Stoßzähne umschließt. Einer sägte, der andere hebelte den Stoßzahn aus dem Schädel. Ein schönes Stück, fast einen Meter lang und völlig unverletzt. Wieder ein Schnitt – der Elefantenrüssel fiel abgesägt zu Boden, machte der Säge den Platz frei zum zweiten Stoßzahn.

Alles hatte nur Sekunden gedauert. Die beiden schulterten die abgesägten Zähne und rannten mit Gewehr und Kettensäge zum Hubschrauber. Sie verstauten die Zähne und wollten gerade zu den anderen Elefanten umkehren, als sie einen Motor hörten. Geländewagen. Er kam schnell näher, er kam genau auf sie zu.

Die beiden sprangen in den Hubschrauber. Einer startete, der andere lud sein Gewehr durch. Zögernd fing der Rotor an sich zu drehen, kam nur langsam auf Touren. Erst als der Wagen schon durch eine Schneise auf die Lichtung jagte, reichte der Auftrieb; der Hubschrauber kam taumelnd ein paar Meter hoch, dann schwenkte er zur Seite, nahm Fahrt auf und zog in einer weiten Schleife über das Wasserloch davon. Kein Schuß fiel.

Die Wildhüter suchten nach Spuren. Zwei junge Kühe waren noch übrig von der Herde, waren zusammen mit zwei kleinen Elefanten entkommen. Die Kleinen mußten etwa ein Jahr alt sein. Blut fand sich nicht bei den Spuren.

Dann trennten die Wildhüter den drei toten Elefantenkühen die Stoßzähne heraus, damit sie den Wilderern nicht doch noch in die Hände fielen. Zwei der toten Elefantenkühe hatten ein volles Gesäuge; das waren die Mütter der beiden Einjährigen. Elefantenkinder trinken zwei Jahre lang bei der Mutter.

Afrika war jahrhundertelang das gelobte Land für Großwildjäger. In alten Jagdberichten ist es nachzulesen, wie die weißen Jäger aus Europa und Amerika abschossen, was sich bewegte: Löwen, Kaffernbüffel, Nashörner und die letzten Riesen, Elefanten von fünfzig oder sechzig Jahren, Bullen von siebeneinhalb Tonnen Gewicht. Ihre Stoßzähne waren bis zu zweieinhalb Meter lang und wogen vierzig, manchmal fünfzig Kilo das Stück.
Damit ist es lange vorbei. Damit hatten die weißen Männer und ihre Elefantenbüchsen schon gründlich aufgeräumt, bevor die Sucht nach Elfenbein begann. Damals, vor einem halben Jahrhundert, gab es noch Jäger, die sich rühmten, daß ihre Kugel einen Elefantenschädel aus jedem beliebigen Winkel durchdrang und tödlich ins Gehirn schlug. Sie hängten sich Stoßzähne über den Kamin, hielten das Abknallen für edles Waidwerk. Ein Beispiel von vielen ist der Jagdbericht, nach dem ein Engländer von einer krankgeschossenen Kuh über den Haufen gerannt wurde. Er fand sich in einem Graben wieder, zusammen mit seinem Gewehrträger. Als er feststellte, daß das Blut auf seinem Anzug nicht sein eigenes war, nahm er die Jagd wieder auf, erlegte nacheinander die Kuh und auch das Kalb, das sie bei sich hatte, danach noch einen jungen Elefanten. »Nur um kein Mißverständnis entstehen zu lassen«, stand in seinem Jagdbericht. Und sein Gewehrträger flocht ihm aus zwei dicken Schwanzhaaren der Elefantenkuh ein Armband als Glücksbringer.

Heutzutage geht es um Geld, um viel Geld. Denn die Nachfrage nach Elfenbein ist riesig. Und weil die Elefanten immer weniger werden, steigt der Preis. Vor zwanzig Jahren lag er noch bei 5 bis 8 Dollar je Kilogramm Elfenbein, heute werden 250 Dollar für ein Kilo gezahlt.
Bei solchen Preisen braucht kein Wilderer mehr zu sparen; der schnelle Geländewagen mit Sprechfunk gehört ebenso zur Wilderei wie das Maschinengewehr; panzerbrechende Gewehrgranaten zermanschen den stärksten Bullenschädel, Hubschrauber sind schneller als jeder Wildhüter. Bei solchen Preisen macht es nichts, daß ein Stoßzahn im Durchschnitt nur noch fünf Kilogramm wiegt.
Es ist ein regelrechter Kampf geworden, ein ungleicher allerdings. Mit den Elefanten sowieso; ungleicher Kampf aber auch mit den Wildhütern. Miserabel bezahlte Beamte sollen, miserabel ausgerüstet, jeden Tag von neuem im Busch ihr Leben riskieren im Kampf mit einer Armee von bestausgerüsteten Wilderern; da stehen ausgeleierte Karabiner gegen Schnellfeuergewehre, Wildhüter auf dem Fahrrad gegen Wilderer im Hubschrauber.

Jede Woche werden zweitausend Elefanten ermordet.

Die Wildhüter sind fast machtlos im Kampf gegen diese Elfenbein-Mafia, solange ihnen das Geld fehlt; Geld für Geländewagen, Geld für gute Waffen, Geld für mehr Beamte und eigene Hubschrauber.

In Japan sind im Augenblick Siegelstempel aus Elfenbein große Mode. Da spielt der Preis für ein Kilo Elfenbein keine Rolle.
Und das kommt den Wilderern gerade recht. Sie knallen jeden Elefanten ab, sie meißeln selbst bleistiftdünne Stoßzähne aus den Leichen junger Elefanten. Es spielt auch keine Rolle, daß Elfenbein in Japan inzwischen nicht mehr eingeführt werden darf.

Es hat in Afrika einmal 10 Millionen Elefanten gegeben, das war im 14. Jahrhundert; selbst 1970 lebten hier noch zwei Millionen. Aber schon 1989 war der Bestand auf 625 000 Tiere zusammengeschrumpft. 2 000 müssen jede Woche ihr Leben lassen für den Elfenbeinwahn der reichen Länder, 70 000 Elefanten im Jahr.
Natürlich gibt es heute geregelte Abschußquoten für jedes Land, natürlich dürfen nur Stoßzähne mit gültigen Papieren durch den Zoll. Trotzdem kommen vier von fünf Stoßzähnen aus den riesigen Elfenbeinlagern der Wilderer.
Elefanten lebten schon lange bevor es den

Menschen gab. Seit Tausenden von Jahren hatten sie keine natürlichen Feinde; kein Löwe oder Krokodil wagte sich an einen erwachsenen Elefanten heran. Und der kleine, intelligente Zweibeiner Mensch konnte dem Elefanten auch kaum gefährlich werden – bis er die Feuerwaffen erfand und bis er anfing, sich gigantisch zu vermehren.

Elefanten brauchen Platz, sehr viel Platz. Denn sie fressen jeden Tag 250 Kilogramm Pflanzen; jeden Tag eine Vierteltonne Blätter und Früchte, ganze Sträucher, sie reißen Grasbüschel aus und schälen mit ihren Stoßzähnen die Rinde von Baumstämmen, sie stemmen ganze Affenbrotbäume um.

Gute Futterverwerter sind sie nicht, gerade ein Fünftel der Nahrung wird verdaut. Deshalb müssen Elefanten viele Kilometer wandern, um solche Mengen Grünzeug zu finden. Dabei tragen sie viele Kerne und Samen von Bäumen und Sträuchern im Magen durch das Land. Es gibt viele Pflanzensamen, die überhaupt erst keimen, wenn sie durch Magen und Darm der Elefanten gewandert sind. Die »Freßwut« der Elefanten dient also dazu, Bäume und Sträucher zu verbreiten und gut gedüngt auszusäen.

Solange Elefanten und Menschen sich Afrika geteilt haben, konnten sie beide leben. Heute brauchen die Menschen Afrika allein. Sie bauen Straßen und ziehen Zäune, roden die Wälder und legen weite Felder an. Elefanten leben aber gern am Waldrand, also genau dort, wo heute Mais und Reis und Hirse angebaut werden.

Welcher Elefant wird sich da anstrengen, Äste von hohen Bäumen mühsam abzureißen, wenn ihm der Mais geradezu ins Maul wächst? Also bauten die Menschen Zäune, Zäune für die Felder. Aber für einen gesunden Elefantenbullen sind Zäune kein Hindernis, höchstens ein neues Spielzeug. Erst wurde der Zaun in Klump gerannt, dann das Feld abgeerntet, und das rief wieder erboste Elefantenjäger auf den Plan.

Also mußten Nationalparks her, Schutzgebiete für den Elefanten. Zu groß durften die Schutzgebiete aber nicht sein, das Land brauchten die Menschen ja eigentlich für sich. Zu klein durften die Schutzgebiete aber auch nicht sein, sonst wurden sie in kurzer Zeit von den Elefanten kahlgefressen; und die Dickhäuter gingen wieder hungrig auf Wanderschaft.

Die Lage spitzt sich zu, seit der Regen ausbleibt in Afrika, seit das Gras verdorrt, die Büsche braun werden und die Bäume ihre Blätter verlieren. Wurzeln verdorren, der Wind trägt den Boden fort, und das Land versteppt. Dann rückt die Wüste nach.

Und die Elefanten brauchen jeden Tag eine Vierteltonne Grünzeug, reißen Gras und Büsche aus, drücken Bäume mit dem Schädel um und graben Wurzeln aus dem Boden.

Elefanten sind Afrikas Wahrzeichen.

Aber wie lange noch?

Dreiviertel aller Menschen in Kenia, dreiviertel aller Menschen unter dem Kilimandscharo leben von der Landwirtschaft; aber die Ernte reicht hinten und vorn nicht.

Manchmal gelingt es den Behörden, Lager von Wilderern aufzuspüren.

Viel Geld jedoch bringen die Touristen ins Land, und mit diesem Geld kann Kenia Maschinen kaufen, Erdöl und Kunstdünger. Aber die Touristen wollen für ihr Geld ein Afrika aus dem Bilderbuch sehen: schwarze Rinderhirten in bunten Tüchern, Zebras und Antilopen, Nashörner und Affenherden, Löwen mit Beute – und Elefanten vor dem schneebedeckten Gipfel des Kilimandscharo. Kenia ohne Elefanten?

Juli 1989. Ein riesiger Stoß lag aufgeschichtet vor den Politikern, vor den Naturschützern und den Leuten von der Presse. Mikrofone, Kameras, Funk und Fernsehen, keiner fehlte. Und dann ging der Ministerpräsident des armen Landes Kenia zu dem Stoß und hielt eine brennende Fackel hinein, in den Stoß aus Elfenbein, Stoßzahn an Stoßzahn, viele hundert.

Damit verzichtete Kenia auf 6 Millionen Dollar; soviel waren die Stoßzähne wert, gewilderte Stoßzähne, beschlagnahmt von den Wildhütern und vom Zoll.

Nach wenigen Sekunden stieg eine schwarze Qualmwolke auf. Und die Schande der reichen Länder, denen Ringe und Schachfiguren, Billardkugeln und Klaviertasten aus Elfenbein wichtiger sind als Afrikas letzte Elefanten, diese Schande stank fürchterlich zum Himmel.

Was hätte sich mit den 6 Millionen Dollar alles tun lassen im Kampf gegen die Wilderer ... Aber für Kenia war es wichtiger, ein Beispiel zu geben. Und einige haben sich ein Beispiel genommen: Das Auktionshaus Sotheby's versteigert nur noch Stücke aus Elfenbein, die mindestens 50 Jahre alt sind. Und die Firma Steinway liefert ihre Klaviere und Flügel jetzt mit weißen Kunststofftasten aus. Nur das vorhandene Elfenbein wird noch aufgebraucht, ein Zahn reicht für 16 Klaviere.

Der Elefant ist nicht der einzige afrikanische Dickhäuter, der bedroht ist: Das Nashorn wird ebenfalls als »Rohstofflieferant«, seines Hornes wegen, gejagt. Dem Horn werden besondere Kräfte nachgesagt; nichts ist so dumm, als daß es die Menschen nicht glauben und dafür noch viel Geld zahlen ...

Zu Pulver zerrieben, soll das Horn der Nashörner die Manneskraft steigern, heißt es in China schon seit Jahrtausenden. Zwar vermehren sich die Chinesen enorm, aber das tun sie auch so, denn Nashorn-Pulver können sich die wenigsten leisten. Ein Kilogramm Nashorn ist längst teurer als ein Kilogramm Gold. Auch gegen Erkältungen, Masern, Blutvergiftung, Durchfall, Herzschwäche und Schlangenbisse soll das Pulver helfen. Soll – denn in Wirklichkeit kann man auch Fingernägel kauen, das hilft genauso wenig.

Etwa die Hälfte aller gewilderten Nashörner geht in den Nordjemen, dort lassen sich die Männer als Zeichen ihrer Würde und ihres Reichtums Dolchgriffe daraus schnitzen, reich mit Gold und Edelsteinen verziert.

Das meiste Geld am Nashorn verdienen dabei wie immer die Händler; aber der Wilderer bekommt für ein einziges Horn immerhin mehr Geld, als er in einem ganzen Jahr mit ehrlicher Arbeit verdienen könnte. Und es ist so leicht, den kurzsichtigen Nashörnern an ihren immer gleichen Trampelpfaden aufzulauern, sie abzuknallen und ihnen das Horn aus verdickter Haut aus dem Gesicht zu hacken.

Für diesen Kitsch wird weiter gemordet.

Das Horn des Nashorns kostet mehr als Gold.

Es ist schon trauriger Weltrekord. Was Klimaveränderungen und Raubtiere, was Kriege und Dürre in Jahrmillionen nicht geshafft haben, nämlich das Nashorn auszurotten, das ist uns Menschen in ein paar Jahrzehnten fast gelungen.

Einen hat das nicht ruhen lassen, den Rhino-Man aus Kenia, Michael Werikhe. Er ging im Jahr 1988 von Assisi in Italien aus zu Fuß durch Europa, 2 000 Kilometer weit, um das Rhinozeros, das Nashorn, zu retten. Der WWF betreute ihn auf seinem Weg durch die Fußgängerzonen, über die Marktplätze, auf seinem Weg zu den Menschen.
»Denn Naturschutz«, sagte Michael Werikhe, »ist nicht die Aufgabe einiger weniger, Naturschutz ist die Aufgabe aller Menschen. In Afrika stirbt das Nashorn, in China stirbt der Panda, und hier bei euch in Deutschland stirbt der Seehund.«
Michael Werikhe, der Fabrikarbeiter aus Kenia, sammelte allein in Deutschland eine halbe Million Mark für neue Schutzgebiete, für den Kampf gegen die Wilderer, für den Kampf um das Nashorn.
Dieses Geld ist bitter notwendig für die Arbeit des WWF, denn keine Tierart ist in den letzten Jahren so zusammengeschossen worden wie das Nashorn. Vor 30 Jahren lebten noch 100 000 Spitzmaul-Nashörner in Zentral- und Ostafrika; heute sind es nicht einmal mehr 4 000. Und vom Breitmaul-Nashorn, um die Jahrhundertwende fast ausgerottet, gibt es heute gerade wieder 4 000 Tiere im Süden Afrikas, streng eingezäunt und bewacht.
Eingezäunte Nashörner – das ist im Moment die einzige Möglichkeit, denn die Zäune, elektrisch geladen, halten nicht die Nashörner vom Ausbrechen ab, sondern die Wilderer vom Eindringen. Der WWF hat Tausende von Kilometern Elektrozaun gekauft und aufstellen lassen. Und es hilft.

Afrika war das erste Land, auf das der WWF seine Arbeit gerichtet hat. Kein anderer Kontinent hat so gelitten unter den Trophäenjägern und Wilderern wie Afrika. Und keinem anderen Kontinent haben diese Machenschaften so sehr geschadet wie Afrika. Seit 1973 gibt es das *Washingtoner Artenschutzabkommen*, WA; darin wird geregelt, daß gefährdete Tierarten nicht gehandelt

Vor dreißig Jahren gab es noch 100 000 Spitzmaulnashörner in Afrika. Heute sind es nicht mal 4 000.

oder getötet werden dürfen, um Andenken aus ihnen zu machen. Und auf dem Anhang des Abkommens sind alle diese Tierarten aufgeführt, die gefährdet oder vom Aussterben bedroht sind.
92 Staaten haben das Washingtoner Artenschutzabkommen anerkannt, aber die Wilderer, die Schmuggler und einige Händler kümmern sich einen Dreck darum. Was selten ist, das findet sich in diesem Anhang; was aber selten ist, das ist auch teuer. Und der schwarze Markt blüht.

April 1989, Flughafen Melbourne, Australien. Drei Deutsche werden verhaftet, als Zollbeamte in ihren Koffern 32 Papageien finden, betäubt und in Drahtrollen verpackt. Denn die Ausfuhr von Papageien aus Australien ist verboten. Schon am nächsten Tag werden die drei bis zur Gerichtsverhandlung freigelassen, gegen eine Kaution von zusammen 30 000 Dollar. Ein einziges Pärchen dieser Papageien hätte auf dem Schwarzmarkt 10 000 Doller eingebracht. Die drei Deutschen fliehen mit falschen Papieren.
Inzwischen ist auch in Deutschland gegen diese Männer Anzeige erstattet worden, durch *Traffic*, die Artenschutz-Zentrale des WWF.
Immer wieder werden die Leute vom WWF angerufen, immer wieder finden Zollbeamte in Häfen und Flughäfen und auf Bahnhöfen geschmuggelte Tiere. Manchmal ist es einfach; bei den 24 Schimpansenbabys zum Beispiel, die halb verhungert im doppelten Boden großer Holzkisten gefunden wurden und jetzt im Zoo von Madrid hoffentlich wieder aufgepäppelt werden können. Um ein

Schimpansenbaby zu fangen, müssen übrigens drei bis vier erwachsene Schimpansen erschossen werden.
Aber manchmal liegt der Fall nicht so klar. Dann arbeiten die Sachverständigen vom WWF mit Zoll und Behörden zusammen, um den Schmugglern und Händlern die Ware abzunehmen.

»Artenschutz zum Anfassen«, das hat es bisher nicht gegeben. Ein ganzer Koffer voller Pythonhäute, Schuhe und Handtäschchen aus Krokoleder für die feine Dame, Zigarrenspitzen aus Elfenbein für den eleganten Herrn, Leopardenfelle, Rhinozeros-Horn und ausgestopfte Schildkröten; allesamt verbotene Tierprodukte, die der Zoll beschlagnahmt hat.
Das ist der WWF-Artenschutzkoffer, davon gibt es zwanzig Stück, und Schulen und Jugendgruppen können ihn ausleihen.

Erst wenn niemand mehr diese Dinge kauft, werden die Tiere überleben.

»Helft uns, bitte!« Für den Schutz der Elefanten wird demonstriert.

DAS DRITTE KAPITEL

in dem von Palästen erzählt wird, von Pracht und Prunk und toten Tieren, von viel zu vielen Jägern und immer weniger Gejagten, von Zäunen und Zonen und Masken und davon, daß der »Herrscher des Dschungels« ohne Dschungel kein Herrscher mehr ist.

Vorsichtig tappte der Elefant durchs hohe Gras. Er setzte die Füße lautlos, der Rüssel suchte, prüfte den Wind. Der Elefantenführer in seinem Nacken gab den Befehl mit seinem Hakenstock, ohne ein Wort. Der Elefant stand still. Langsam hob er den Rüssel, sog wieder die Luft ein. Konnte er den Tiger wittern?
Zum ersten Male regte sich der Mann in der Sänfte oben auf dem Elefantenrücken. Er hob die schwere Büchse, als wäre sie ein Spielzeug in seinen Händen, zielte auf das Gebüsch dort drüben auf dem Hügel. Er sah den Tiger nicht, der reglos im hohen Gras lag. Aber er konnte ihn spüren.
Der Tiger mußte gefressen haben. Sie hatten den Büffel gefunden, frisch geschlagen, und es fehlte ein Viertel. Und dann waren sie seiner Spur gefolgt. Er würde seine Beute nicht verlassen, er konnte nicht weit sein.
Der Mann in der Sänfte suchte sorgfältig das ganze Gebüsch mit den Augen ab. Eine zuckende Schwanzspitze? Ein funkelndes Auge? Er spürte den Tiger, als stünde er vor ihm. Aber er sah ihn nicht. Das Auge des Tigers, er mußte dem Tiger ins Auge sehen. Der Tiger würde bergab springen, auf den Elefanten zu. Er würde sehr schnell kommen.
Wieder ein Befehl mit dem Hakenstock. Der Elefant ging Schritt für Schritt voran, schräg auf das Gebüsch zu. Freies Schußfeld. Noch zwanzig, noch zehn Meter.
Dann ging alles sehr schnell. Zweige brachen. Wutgebrüll. Ein riesiger gelber Blitz schoß aus dem Nichts auf den Elefanten zu. Im selben Augenblick peitschte der Schuß

Mit prächtig geschmückten, gepanzerten Elefanten zogen die Maharadschas auf Tigerjagd.

los. Der Tiger krachte dem Elefanten voll in die gepanzerte Flanke, versuchte sich einzukrallen. Aber die Krallen gaben ihm keinen Halt. Als er das Gras berührte, lebte der Tiger nicht mehr.

Nicht einmal in diesem Augenblick verließ den Mann in der Sänfte das arrogante Lächeln. Sir Bhupinder Singh, genannt »der Prachtliebende«, siebenter Maharadscha von Patiala, lud sein Gewehr nach. Wie immer war sein Schnurrbart nadelspitz nach oben gezwirbelt, der Backenbart sorgfältig gerollt. Sir Bhupinder Singh war einer von 565 indischen Fürsten, Maharadschas genannt, und jeder dieser Fürsten schoß jedes Jahr seine dreiundzwanzig Tiger. Im Durchschnitt allerdings, denn einige dieser Fürsten regierten kaum über eine Ziegenweide mit Wasserloch. Andere aber waren unvorstellbar reich, und stellten sich mit luxuriösem Prunk dar – Traumbilder von Marmorpalästen, von Tigern, Elefanten und Juwelen.
Sir Bhupinder Singh hatte etwa 350 Frauen,

ganz genau wußte er das nicht, hatte ein halbes Tausend Poloponys, auf denen er einen ganzen Saal voller Silberpokale gewonnen hatte, und er hatte in seinem Leben schon weit mehr als 500 Tiger geschossen.
Unbestrittener Meister im Tigertöten aber war der Maharadscha von Gwalior. Nachdem er 1 400 Tiger erlegt hatte, schrieb er einen *Leitfaden für die Tigerjagd.* Mit fünfunddreißig Jahren hatte er alle seine Tigerfelle zusammennähen lassen zu einem Teppich; er legte damit seine riesige Empfangshalle aus, und der Teppich reichte von Wand zu Wand. Und wieder ein anderer, der Fürst von Mysore, hatte in seinem Palast mit den 600 Zimmern allein zwanzig Zimmer seinen Jagdtrophäen gewidmet: Elefanten, Panther, Bisons und Tiger.

Diese grellbunte, widersprüchliche Welt, diese Welt aus Pracht und Not, aus Überfluß und Hunger, dieses Indien eroberten die Engländer vor nicht einmal 250 Jahren.
Jede größere Stadt hatte schnell eine britische Jagdgesellschaft, die für Abwechslung sorgte. Bei ihren Jagden preschten die jungen Engländer in roten Jacken und weißen Hosen auf ihren Pferden hinter dem Schakal her; denn Füchse – wie daheim in England – gab es in Indien nicht. Gefährlicher war schon der Sport, Wildschweine zu jagen, vom Pferd aus, nur mit einem Holzspieß samt eiserner Spitze.
Mancher Engländer soll damit auch auf Panther losgegangen sein und auf Tiger.

Ganz besonders prachtvoll waren die Tigerjagden des Vizekönigs von Indien, des britischen Herrn über 400 Millionen Inder. Ein ganzes Heer von Jagdelefanten trat mit Elefantenführern und Gewehrträgern an, um die britischen Offiziere in ihren weißen Uniformen an die Tiger zu bringen. Nach dem Töten kam dann das Picknick mit Kaviar, Champagner und Gänseleberpastete. Die Tiger des Vizekönigs waren übrigens immer ein bißchen größer als alle anderen; es hieß nämlich unter der Hand, er habe sich besondere Maßbänder anfertigen lassen, mit denen nur seine toten Tiger gemessen wurden.

Die Pracht der Maharadschas ist dahin, genauso wie die Macht der Engländer; den

Dieses Abknallen galt als Jagdsport.

britischen Vizekönig gibt es seit 1947 nicht mehr. Das Bedauerliche ist nur, es gibt auch kaum noch Tiger. Sie blieben zu Zehntausenden auf der Strecke in diesem traurigen Feldzug, Jagdsport genannt. Die Engländer hatten viele Gewehre mit nach Indien gebracht, weittragende Gewehre für sich und für die Maharadschas, denn niemand außer ihnen durfte den Tiger jagen.

Um das Jahr 1900 gab es in ganz Asien noch mehr als 100 000 Tiger, in Indien allein 40 000. Und nicht einmal fünfzig Jahre später hatte sich die Zahl der Indischen Tiger halbiert. Es gehörte für einen britischen Offizier zum guten Ton, wenigstens einen Tiger in Indien zu schießen. Sein Fell wurde dann in irgendeinem herrschaftlichen Salon

Der König des Dschungels endet als Teppich.

in Norfolk, in irgendeinem Landschloß im schottischen Hochland mit den Jahren abgetreten.

Die erste richtige Zählung in Indien hatte 1972 ein erschütterndes Ergebnis – es gab noch 1 827 Tiger. Schon drei Jahre vorher hatte die Welttierschutzorganisation IUCN vor dem Aussterben des Tigers gewarnt. Damals hatte der WWF seine Hilfe zugesagt, und der britische Naturforscher Guy Mountfort nahm sich beim WWF der Sache an. Er war aber nicht nur Naturschützer, er leitete auch eine große Werbeagentur.

Guy Mountfort sprach von der *verzweifelten Situation der Tiger*, für die er eine ganze Reihe von Gründen anführte:

Es gab zu viele Menschen in Indien. Die Städte und Dörfer platzten aus allen Nähten. Immer mehr Menschen mußten essen und wohnen, und dazu wurden Felder gebraucht und Häuser und Straßen. Also wurde der Urwald umgehackt und gerodet, Grasland und Steppe wurden umgepflügt, Sümpfe trockengelegt; für Felder und Häuser und Straßen. Ganz neue Städte schossen aus dem Boden, und mit ihnen Flughäfen und Fabriken und Kraftwerke.

Was übrigblieb vom Urwald, wurde verfeuert. Auch heute noch kochen über die Hälfte aller Inder ihr Essen mit Holz.

Die wildlebenden Tiere Indiens verloren ihr Land. Hirsche und Antilopen und Büffel wurden gejagt und weiter zurückgedrängt. Und weil sie immer weniger Platz zum Leben hatten, paarten sie sich nicht mehr.

Tigerkopf und Tigerkopf: die geschmacklose »Trophäe« an der Wand und die große Katze in freier Natur

Also hatte auch der Tiger weder Platz zum Leben noch Beutetiere zum Fressen. Aber er hatte Hunger, und deshalb schlug der »König des Dschungels« die Hausrinder und Ziegen, die überall dort weideten, wo früher Wildnis gewesen war. Das ließ nun wieder die erbosten Bauern nicht ruhen, sie verfolgten den »Räuber« ihrer Tiere, schossen und vergifteten ihn, wo sie nur konnten. Sein Fell brachte gutes Geld, ein armer Bauer konnte lange davon leben.

Und als in aller Welt bekannt wurde, daß es kaum noch Tiger gab, da kamen reiche Jäger nach Indien, die sich für viel Geld das Vergnügen erkauften, schnell noch einen Tiger abzuschießen, bevor es endgültig keinen mehr gab.

Und so stiegen die Preise für Tigerköpfe und Tigerfelle weiter.

1972 kam die Sache in Gang, die *Operation Tiger* lief an; es war gerade das tausendste Projekt des WWF.

Als allererstes mußte das Bild geändert werden, das sich die Menschen vom Tiger machten, er mußte ein anderes »Image« bekommen. Der Tiger war als blutrünstig verschrien, als gemeiner Mörder, der aus dem Hinterhalt angreift, als gefährlicher Schädling, der kein Recht zu leben hat. Das sollte sich ändern.

Ein riesiger Werbefeldzug für den Tiger setzte ein. Guy Mountfort hatte alles fest im Griff – schließlich war er Werbemann.

In den Spielzeuggeschäften bogen sich die Regale nur so von Stofftigern und Tigerspielzeug, es gab Tigerbücher und Tigercomics, statt nackter Mädchen waren plötzlich Tiger auf den Illustrierten, an jedem zweiten

Die indischen Behörden stellten sich mit ganzer Kraft hinter das »Project Tiger«.

Kinderfahrrad flatterte ein Tigerschwanz aus Stoff.
Vor allem aber gab es Tiger in der Werbung. Für Tee wurde mit dem Tiger geworben und auch für Würstchen. Brave Familienväter schnallten die Hosenträger ab, zwängten ihren Bauch in viel zu enge Jeans und fuhren ihren alten Käfer nicht mehr zum Tanken, denn endlich gab es etwas Besseres: *Pack den Tiger in den Tank.*
Unterdessen waren auf die Leute immer wieder Berichte niedergeprasselt über den Tiger, Berichte von seinem Leben und Sterben im Dschungel und davon, daß es kaum noch Dschungel, kaum noch Tiger gab.

Es dauerte nicht mal ein Jahr, und das Ansehen des Tigers hatte sich komplett geändert. Er stand für Kraft, für Eleganz, für Qualität. Und es dauerte nicht mal ein Jahr, da hatte der WWF eine Million Dollar an Spenden gesammelt, von Firmen, die mit dem Tiger warben, und von Menschen, die dem Tiger helfen wollten. Eine Million Dollar, fast zwei Millionen Mark.
Aber was dann kam, hatten nicht einmal die Leute vom WWF erwartet: Die Regierung von Indien stellte sich mit ganzer Kraft hinter die *Operation Tiger.*
Der Startschuß kam für Indien im Jahre 1973. Frau Indira Gandhi, die Ministerpräsidentin von Indien, sagte damals: »Der Tiger kann nicht für sich allein geschützt werden. Er steht an der Spitze eines vielschichtigen Biotops. Sein Lebensraum, bedroht durch menschliches Eindringen, kommerzielle Forstwirtschaft und Viehbeweidung, muß zuerst einmal unverletzlich werden.«
Die bestehenden Nationalparks und Schutzgebiete für den Tiger wurden erweitert. Sie wurden jetzt eingeteilt in Kernzonen und Pufferzonen. Die Dörfer in den Kernzonen wurden abgebrochen, die Familien umgesiedelt, bis heute 6 000 Menschen aus 40 Dörfern. Nur in den Pufferzonen dürfen die Bauern noch Land bebauen, darf Vieh weiden, dürfen Touristen Indien bestaunen.
Aber diese Einteilung in Kernzonen und Pufferzonen hatte unvorhergesehene Folgen: Wie sollte ein Tiger wissen, wo seine Kernzone aufhört und die Pufferzone anfängt? Um Beute zu machen, muß er sich anschleichen, vorsichtig bis auf zehn, fünfzehn Meter, damit er die Antilope im Sprung erreicht und ihr mit einem Prankenhieb das Rückgrat

Heute gibt es für den Indischen Tiger siebzehn Reservate.

bricht. Das muß er zwanzigmal, dreißigmal beginnen, mit Hunger im Bauch, bis es endlich einmal klappt. Dann zieht er seine Beute zum nächsten Wasserloch und fängt an zu fressen.

Er frißt, wenn er hat, in einer Nacht glatt einen Zentner Fleisch, ein Viertel seines eigenen Gewichts; bei solchem Hunger hält eine Antilope kaum zwei Tage vor, ein Büffel nicht mal eine Woche. Aber es gibt Tage, an denen ist er über ein paar Frösche froh oder über ein paar Eidechsen.

Das Vieh der Bauern ist leichter zu schlagen als die vorsichtigen Wildtiere. Das hat der Tiger bald heraus. Warum also soll er sich kein Hausrind holen, keine Ziege aus der Pufferzone statt einer schnellen Antilope?

Und gerade für den Menschen sind diese Pufferzonen gefährlich. Nicht nur für die kleinen Bauern, die immer wieder in die Kernzonen des Tigers gehen, um schnell etwas Holz für den Küchenherd zu sammeln. Auch die Arbeiter auf den Feldern, in den weiten Zuckerrohrplantagen sind in Gefahr. Denn Zuckerrohr ist für den Tiger ein ideales Versteck, um auf Beute zu lauern.

Mit der Zeit gewöhnt der Tiger sich an den Anblick der Menschen, er gewöhnt sich an

Seit 1972 hat sich die Zahl der Tiger von nicht einmal 2 000 auf 4 000 verdoppelt.

seinen aufrechten Gang, den er sonst fürchtet, gewöhnt sich an die beiden Augen, die ihn ansehen können wie keins der Tiere, die er jagt.
Dann kann es geschehen, daß der Tiger seine Scheu vor dem Menschen überwindet; besonders wenn er alt ist, krank oder verletzt, wenn er andere Beute kaum noch machen kann und der Hunger ihn treibt. Denn der Mensch ist leichte Beute für ihn, die leichteste von allen. Mit einer Axt zum Holzfällen, einem Messer zum Zuckerrohrschneiden hat ein Menschlein keine Chance gegen vier Zentner Muskeln, gegen Krallen und Zähne.
Schutz vor dem Tiger? Man hat alles mögliche versucht, bis hin zu Elektrozäunen. Das einfachste Mittel aber ist das wirksamste: eine Maske mit einem Menschengesicht wird auf den Hinterkopf gesetzt. Denn jeder Tiger verfolgt seine Beute, greift von hinten an. Aber wo ist hinten und vorn bei einem Menschen mit zwei Gesichtern?
Vor wenigen Jahren hat die indische Regie-

rung mit diesem Versuch angefangen, hat Masken austeilen lassen im Schutzgebiet der Sundarbans. Nicht einer der 2 500 Männer, die immer eine Maske trugen beim Holzfällen, beim Honigsammeln und Zuckerrohrschneiden, wurde angefallen. Dafür aber mehr als dreißig Männer, die keine Maske trugen.

Die siebzehn Reservate haben sich gelohnt für den Tiger, seit 1972 hat sich seine Zahl von nicht einmal 2 000 Tieren auf 4 000 verdoppelt. Woher man das weiß? Von Zählungen, von Beobachtungen. In schwierigen Fällen werden heute sogar Gipsabdrücke von seinen Spuren abgenommen und miteinander verglichen.

Aber Indien, das arme Indien, in dem 350 Millionen Menschen nicht genug zum Leben haben, kann Indien sich so etwas denn überhaupt leisten? Der Ausbau und Schutz, die Bewachung der Reservate, vor allem aber die Umsiedlung von ganzen Dörfern hat den Staat schon weit über 20 Millionen Mark gekostet.

20 Millionen in einem Land, in dem es zuwenig Schulen gibt und Krankenhäuser, in dem Menschen verhungern?

Es ist nicht der Tiger allein, der geschützt wird in diesen Gebieten. Das Indische Panzernashorn lebt dort genauso wie der Asiatische Elefant, der Sumpfhirsch und der wilde Büffel. Und vor allem ist es die Natur, die in Indien erhalten wird. Denn der Tiger ist nur ein Glied der Kette. Aber wenn der Tiger stirbt, stirbt die Natur. Was kann er dafür, daß er nicht geschaffen wurde, um mit den Menschen zusammenzuleben?

Und trotzdem sagt sich das alles so leicht. Was würden denn wir machen, wenn in Deutschland ein Hundertstel seiner Fläche als Schutzgebiet für den Wolf ausgewiesen würde, wie es Indien für den Tiger gemacht hat? Wenn ganze Dörfer in Bayern, in Hessen und Schleswig-Holstein umgesiedelt würden, Fabriken aus den Kernzonen herausgenommen und alle Straßen und Eisenbahnlinien stillgelegt würden?

Verrückt, nicht?

So etwas sollen lieber die armen Inder machen!

DAS VIERTE KAPITEL

in dem von einer Reise um die halbe Welt erzählt wird, von Ebbe und Flut, von immer mehr Land und immer weniger Watt, von ein paar Kühen und Millionen von Vögeln und davon, daß eine gute Sache großen Mut braucht, wenn viele dagegen sind

Flugwetter gut. Wind Südwest, Stärke 03. Vollgetankt für 4 000 Kilometer nonstop. Start frei.
Die ersten hoben ab, drehten noch eine Schleife, sammelten die anderen auf, zogen davon. Kurs nordnordwest, immer die Küste entlang. Es waren etwa zwanzigtausend, und sie verdunkelten die Sonne.
Kurs nordnordwest. Die Küste von Mauretanien blieb zurück. Reisegeschwindigkeit 80 km/h, also 50 Stunden Flugdauer. Flugziel: das Wattenmeer vor Schleswig-Holstein. Weiter, immer weiter.
Nach 35 Flugstunden die ersten Ausfälle. Notlandung in Frankreich. Aber kein Halten. Weiter, immer weiter.
Flügelrauschen Stunde um Stunde. Weiter, immer weiter.
Dann wurde das Land flach wie ein Teppich, Belgien, Niederlande. Weiter, immer weiter. Endlich die Landung. Nach mehr als 50 Flugstunden nonstop ausruhen, ausschlafen, auftanken.
Die Knutts, die kleinen Wattvögel, machten Station im Wattenmeer, Zwischenstation auf ihrem Weg von Afrika in die Arktis.

Wie Riesenflugzeuge waren die Schwärme von rostroten, amselgroßen Knutts eingeschwebt, fast eine halbe Million. Die am weitesten Gereisten kamen von Südafrika, hatten sich dort fettgefressen an kleinen Schnecken und Muscheln. Nach dem ersten Abschnitt ihrer Reise hatten sie an der Küste von Mauretanien drei Wochen gerastet und gefressen und wieder Fettreserven angelegt,

achtzig, neunzig, hundert Gramm Fett, bis zu 40 Prozent ihres Körpergewichts.
Und wieder waren sie aufgestiegen, weiter in Richtung Norden. 2 Gramm Fett in jeder Stunde kostete der Flug die Atlantikküste entlang; ausgepumpt kamen die Knutts im Wattenmeer an.

Sie hatten Glück. Es gibt das Wattenmeer noch, diese einzigartige Landschaft zwischen Festland und See. Zweimal am Tag fällt das Wattenmeer trocken, zweimal am Tag holt die See sich den Meeresboden zurück; zweimal am Tag Ebbe und Flut.
Es gibt das Wattenmeer noch, die Fischkinderstube der Erde, wo es so viele Lebewesen gibt wie in keinem anderen Meer.
Es gibt das Wattenmeer noch, und vor allem – es lebt. Das ist schon erstaunlich. Denn seit Jahrhunderten versuchen die Menschen an der Küste, der See den Meeresboden abzuringen. Sie bauen Deiche, ziehen Gräben und entwässern den Boden. Bunte Salzwiesen werden so zu eintönigen Viehweiden verödet. Und die Menschen sind auch noch stolz darauf, denn seit vielen hundert Jahren meint man den »blanken Hans« bekämpfen zu müssen, mit Deichen und mit allen Mitteln.
Aber 400 000 Knutts, die brauchen keine Viehweiden, die brauchen auch keine Badestrände oder Surfer; die brauchen Watt mit Schnecken und Muscheln, Uferstreifen ohne Wanderer, die brauchen Ruheplätze für die Nacht ohne ohrenbetäubende Tiefflüge. Wie sonst sollten sie sich die nächsten Fettpolster anfressen für ihre Flüge nach Sibirien, nach Grönland und Kanada; dort wollen sie brüten und ihre Jungen aufziehen.
Ohne das Watt gäbe es keine Knutts, ohne das Watt gäbe es keine Ringelgänse und auch keine Seehunde mehr.
Aber was geschieht mit dem Wattenmeer? Da werden Schutzzonen unterlaufen und Warnschilder nicht beachtet, es werden Deiche gezogen, Bohrinseln aufgestellt, Schadstoffe eingeleitet.
Irgendwann ist dann Schluß. Schluß für die 400 000 Knutts, Schluß für die 200 000 Ringelgänse, Schluß für die sieben bis neun Millionen Vögel, die jedes Jahr durchs Wattenmeer ziehen.

Der WWF hat früh erkannt, daß das Wattenmeer ein Verkehrsknotenpunkt des Vogelzuges für den ganzen Ostatlantik ist. Daher ist das Wattenmeer wichtig für den Naturschutz wie kaum ein anderes Gebiet. Aber ist es denn noch zu retten?
Es gab viele Naturschützer, die kümmerten sich hier um ein Stück Strand, dort um eine Vogelinsel. Aber das reichte nicht; das Wattenmeer muß im großen Stil geschützt werden, schließlich reicht es von den Niederlanden über die deutschen Küsten bis nach Dänemark. Nirgendwo auf der Erde gibt es ein so großes Watt wie vor unseren Küsten, auf 450 000 Quadratkilometern kommt hier zweimal am Tag der Meeresboden ans Licht.
Also hat der WWF nicht nur die vielen klei-

Das Watt, Verkehrsknotenpunkt für Millionen von Zugvögeln

nen und großen Naturschutzverbände mit Geld unterstützt, er hat auch in Holland und Niedersachsen, in Schleswig-Holstein und Dänemark seine Büros eingerichtet, die Wattenmeerbüros. Dort sollten alle Naturschützer ihre Kräfte bündeln und gemeinsam für das Wattenmeer kämpfen.

Ein ganz wichtiger Punkt sind die Deiche, denn eingedeichtes Wattenmeer ist nur noch Acker oder Weideland. Ganze Buchten sollten eingedeicht werden, kilometerweit; die Nordstrander Bucht vor Husum etwa, die Leybucht und das Watt vor Tondern oben bei Dänemark. Gigantische Pläne sind das und gigantische Schläge gegen das Wattenmeer. Und dabei wissen die Bauern mit Obst und Getreide, mit Gemüse und Milch ohnedies kaum noch wohin. Wozu also immer neue Äcker, neues Weideland?

Weiter geht es mit neu gebauten Fabriken, ans Ufer gesetzt und auf den Strand. Es gibt genügend Land für Fabriken, aber trotzdem wird immer wieder Land mit Meersand aufgespült.

Bei Ebbe kommt hier der Meeresboden ans Licht.

Nur immer weg mit dem Watt.
Militärübungen mit Tiefflügen, aber auch Sportflieger und Segler und der Massentourismus stören die Tiere im Watt. Und die schleichende Vergiftung aus Flüssen und Abwässern bringt nicht nur die Nordsee, sie bringt auch das Wattenmeer um. Noch können die Pflanzen und Tiere hier leben wie seit 10 000 Jahren, aber wie lange noch?

Weiterhin wird, wie seit Jahrhunderten, dem Meer der Boden abgetrotzt, den wir nicht brauchen; die Deiche werden immer höher, und vor allem stehen sie immer weiter draußen im Meer.
Natürlich will auch der WWF den Küstenschutz: die Menschen sollen sicher leben können hinter den Deichen; aber Küstenschutz muß doch auch heißen, die Küste, also das Wattenmeer vor dem Menschen zu schützen!
Vor der Nordseeküste von Schleswig-Holstein liegen die Halligen, kleine Inseln, die der Sturm vor vielen Jahren vom Festland losgerissen hat; sie brechen die Wellen, die vom Weststurm gegen die Küste gepeitscht werden.
Die Halligen haben keine Deiche; nur die Häuser der Halligbauern liegen auf vier bis fünf Meter hohen Warften, dort kommt der »blanke Hans« nur selten hinauf.
Die Wiesen drumherum sind bei Hochwasser oft von der See überspült; die Wiesen sind an das Seewasser gewöhnt, Andelgras und Wegerich, Dreizack und Quecken wachsen, Strandastern werden riesengroß, wenn man sie läßt.
Aber man läßt sie ja nicht. Obwohl diese Salzwiesen ein wichtiger Brutplatz für viele Vögel und Futterplatz für die Ringelgänse sind, werden sie von viel zu vielen Kühen kurzgeschoren wie ein Golfrasen. Denn die Halligbauern bekommen Geld von der Regierung für jede Kuh, die auf ihren Weiden grast.
Mehr Kühe – mehr Geld. Also holen die Halligbauern sich Kühe vom Festland und

Bis heute wird dem Meer Boden abgerungen – ein Boden, den wir gar nicht brauchen.

lassen sie auch auf ihrer Hallig grasen. Und sie klagen über die Ringelgänse, die ihnen die Wiesen abweiden.

Es geht auch anders, aber leider gar nicht so einfach. Im Jahr 1986 hat der WWF auf der Hallig Langeneß 20 Hektar Land gekauft. Ursprünglich wollte der WWF das Land nur pachten und mit den Halligbauern zusammenarbeiten. Es gab auch schon den einen oder anderen Bauern, der daran glaubte, Naturschutz und Landwirtschaft miteinander zu verbinden. Aber dann plötzlich tauchten Zeitungsartikel auf, in denen es hieß, dort auf Langeneß, das sei *der erste Prankengriff des Pandas auf das Land der Halligleute.* Und es dauerte gar nicht lange, da kamen Halligbauern fast mit Tränen in den Augen zum WWF: »Ne, es geht nich, tut uns leid. Erst die Nachbarn, die waren sowieso dagegen. Und nu noch die Zeitung. Ne, ich kann und kann dat nich!«
Also hat der WWF selbst ein Stück Land auf der Hallig Langeneß mit Spendengeldern

gekauft. Heute weiden drauf nur noch wenige Kühe, viel weniger als vorher. Die Salzwiesen wachsen und blühen wieder; die Vögel brüten wieder, sogar der scheue Austernfischer; und die Ringelgänse haben wieder ihre Winterweide. Und die Kühe? Die grasen Kräuter und Gräser wie nie vorher, und der Viehhändler zahlt Preise, von denen die Nachbarn nur träumen können.

Nicht daß ein falscher Eindruck entsteht: Leben könnte ein Halligbauer nicht von den wenigen Kühen. Aber von den vielen Kühen kann er auch nur leben, weil die Regierung dafür Geld verteilt.
Und deshalb dachte sich der WWF: Wenn die Halligbauern sowieso von Steuergeldern leben, dann sollen diese Steuergelder doch für den Naturschutz ausgegeben werden und nicht dazu dienen, das Wattenmeer weiter kaputtzumachen.
Von der Schutzstation Wattenmeer gleich nebenan auf Langeneß kommen oft Besucher herüber auf die neuen Salzwiesen der Hallig Langeneß. Viele Leute stiefeln zum ersten Mal im Leben über den Meeresgrund, viele sehen auch zum ersten Mal die riesigen Vogelschwärme über dem weiten Land, sie sehen die Krabben und Muscheln und Seesterne im Schlick, die vielen Pflanzen auf den Salzwiesen und die Priele, die sich mit reißendem Wasser ins Watt schneiden. Und es ist noch keiner dabeigewesen, der dieses Stück Natur eintauschen möchte für Viehweiden und Rübenäcker.
Schon haben es die ersten staatlichen Stellen dem WWF nachgemacht und Versuchsflächen eingerichtet.

Tauwetter 1989. Nicht im Wattenmeer, sondern in Sibirien, politisches Tauwetter. Zum ersten Mal seit der russischen Revolution im Jahre 1918 durften westliche Wissenschaftler wieder nach Sibirien, in die Nordspitze der Sowjetunion. Das war Naturschutz und Völkerverständigung zugleich, und es war der WWF, der diese erste deutsch-russische Tundra-Expedition ausrichtete.
Natürlich waren Wissenschaftler vom Wattenmeerbüro dabei. Denn fast alle Küstenvögel sind im Wattenmeer nur Gäste. Die Ringelgänse etwa und viele andere Wattenmeervögel ziehen im April und Mai hinauf nach Norden, nach Sibirien, um in dem kurzen arktischen Sommer von Juni bis August zu brüten.
Denen zog die Tundra-Expedition jetzt hinterher. Hinauf nach Norden, weiter, immer weiter.
Seit 70 Jahren waren keine westlichen Wissenschaftler mehr dort oben in Sibirien gewesen. Viele Fragen waren zu lösen. Warum etwa brachten die Ringelgänse in manchen Jahren keine Jungen mit ins Wattenmeer zurück? Und in anderen Jahren war die Hälfte aller Gänse neugeboren.
Schon im vergangenen Jahrhundert waren in Sibirien die Schneegänse ausgerottet worden. Und man weiß auch warum. Weit oben im baumlosen Norden, dort in der Tundra

Bei steigender Flut füllen sich die Priele in wenigen Augenblicken mit reißendem Wasser.

Sibiriens, waren Menschen angesiedelt worden, wo vorher kaum Menschen gelebt hatten. Die Menschen bekamen in ihrem Hunger bald heraus, wie Schneegänse zu fangen waren: Wenn die Gänse ihre Jungen aufzogen, dann mauserten sie, verloren ihre Schwungfedern; sie mußten sowieso auf ihre Jungen aufpassen und durften nicht fortfliegen.

Und die Menschen dort oben, die zehn Monate lang Winter haben im Jahr, die fingen diese hilflosen Gänse oder trieben sie mit Booten in Reusen hinein, stutzten ihnen die Flugfedern und hielten sie als lebenden Wintervorrat. So wurden auf Taimyr in Sibirien im vorigen Jahrhundert die Schneegänse ausgerottet.

Wir wissen es noch nicht genau, aber vielleicht geht es den Ringelgänsen heute ganz genauso. Eine der nächsten WWF-Expeditionen nach Sibirien wird hoffentlich klären, warum die Zahl der jungen Ringelgänse von Jahr zu Jahr so sehr schwankt. Die nächste Expedition wird schon vorbereitet. Es wird

Zeit, denn jetzt endlich wird auch Sibirien beobachtet, jetzt endlich darf die Welt einmal hineinsehen in seine Naturschutzgebiete, seine militärischen Übungsplätze und seine riesigen Flächen, wo der Tagebau die Erde aufreißt, um Kohle und Erz zu fördern.
Übrigens – kaum war die Expedition zurück in Deutschland, da klebte ein riesiges Plakat vor dem Haus des Wattenmeerbüros in Husum: »Camel Trophy Sibirien« stand darauf, die Ankündigung einer Rallye. Ausgerechnet in einem Land, in dem der Sommer so kurz ist, daß Reifenspuren hundertmal langsamer zuwachsen als bei uns, rasen Geländewagen durch die Tundra – nur so zum Spaß.

Aber heute sind die Ringelgänse noch im Wattenmeer, im Nationalpark Wattenmeer. Inzwischen gibt es nämlich einen Nationalpark Wattenmeer, in Schleswig-Holstein und in Niedersachsen. Es ist der größte Nationalpark in ganz Europa, und der WWF lieferte mit seiner Arbeit und seinen Gutachten dazu die Grundlagen.
Zufrieden? Der WWF ist es noch lange nicht, und das ist auch kein Wunder. Denn die Schutzzonen der Nationalparks sind lange nicht so groß, wie sie sein müßten. Und die Abwässer aus Fabriken und Kläranlagen, das Regenwasser mit seinem Gift und Dünger aus der Landwirtschaft machen nicht halt vor den Schutzzonen. Industriehäfen sollen gebaut, riesige Flächen aufgespült und Deiche angelegt werden; das militärische Testgelände in der Meldorfer Bucht bleibt bestehen – und alles mitten im Nationalpark.
Nur ein Beispiel: draußen vor der Meldorfer Bucht bei der Vogelinsel Trischen lag die Bohrinsel *Mittelplate 3* des Erdölkonzerns Texaco, sie lag genau dort, wo jeden August 100 000 Brandgänse mausern, hilflos für drei Wochen nur schwimmen und nicht auffliegen können. Ein paar Tonnen ausgelaufenes Öl aus *Mittelplate 3* im August, und viele tausend Brandgänse wären elend verreckt. Während der WWF bei den Politikern protestierte, tat die Hamburger Naturschutzjugend das gleiche, aber vor Ort. Sie besetzte mit 60 Leuten die Ölbohrinsel *Mittelplate 3*, und sie demonstrierte vor einer Hamburger

Strandläufer

Texaco-Tankstelle, baute einen Wald von Plakaten und Transparenten auf, verteilte Flugblätter.
Was machte die Texaco? Sie senkte die Preise um 12 Pfennig pro Liter Benzin. Von einem Tag auf den anderen war diese Tankstelle in Hamburg die billigste in ganz Deutschland. Als das nichts nützte, verteilte der Tankwart rote Rosen und bunte Aufkleber. Er verteilte auch Flugblätter, genau wie die Hamburger Naturschutzjugend.
Das war im September 1987. Inzwischen ist die Bohrung *Mittelplate 3* stillgelegt, heute liegt sie im Kerngebiet des Nationalparks Wattenmeer.
Soll der WWF stolz sein auf seinen Erfolg? Nicht weit von *Mittelplate 3* liegen die Bohrinseln *Mittelplate 1* und *2*, von dort aus wird jetzt schräg gebohrt, hinein in das Ölvorkommen der *Mittelplate 3.*
Der Kampf geht also weiter. Das Wattenmeer ist nun mal sehr feinfühlig. Eine ausgelaufene Tonne Erdöl erreicht draußen in der Nordsee vielleicht eine Möwe, aber im Wattenmeer verklebt sie viele tausend Vögel. Schon heute sterben 100 000 Vögel in der Nordsee, an Gift und Dreck und Öl, jedes Jahr.

Mauretanien an der Westspitze Afrikas, eines der ärmsten Länder der Erde, hat mit Hilfe des WWF ein Naturschutzgebiet eingerichtet, wo die Knutts und viele andere Zugvögel geschützt sind vor dem Menschen. Und Deutschland, eines der reichsten Länder der Erde, kann aus seinen Nationalparks nicht einmal ein paar Ölbohrinseln heraushalten.
Das immerhin ist ein Weltrekord, das gibt es in keinem Nationalpark der Erde!

DAS FÜNFTE KAPITEL

in dem von bitterarmen Menschen die Rede ist, von einem Land voller Sümpfe und Seen und Flüsse, von Petroleumlampen und langen Messern, von Dreck und Blut, von Gift und Hunger und Krankheit, von einer Rolle, die Geschichte macht, aber auch von Feinschmeckern und davon, daß alles seine Folgen hat

Vormittag war es, der Regen hatte aufgehört. Unter den grellen Sonnenstrahlen quoll Nebel aus den Reisfeldern rings um das kleine Dorf. Auf dem Dorfplatz herrschte andächtige Stille. Dichtgedrängt zwischen den zusammengeflickten Hütten standen die Menschen, standen im Halbkreis um einen jungen Mann. Vor seinen Füßen saßen die Kinder, manche mit offenem Mund.
Rajit Chitrakaar hieß der junge Mann; er konnte nicht lesen und nicht schreiben, aber er konnte Geschichten erzählen. Rajit Chitrakaar war ein Bänkelsänger. Er zog von Dorf zu Dorf und erzählte den Männern und Frauen und Kindern schmalzige Liebesgeschichten und schauerliche Geschichten von Mord und Totschlag; das war sein Beruf. Eine lange Papierrolle hielt er dazu in der Hand; Bilder waren darauf zu sehen, die Bilder zu seiner Geschichte. Aber heute erzählte er eine etwas andere Geschichte.

»Es ist schon manche Regenzeit her, da lebten hier in Bangladesch viele Frösche im Wasser und freuten sich ihres Lebens. Die Bauern pflügten mit den Ochsen ihre Felder und pflanzten den Reis. Und wenn die Regenzeit kam und der Reis wuchs, dann kamen auch die Frösche in die Felder. Die kleinen Frösche fraßen Moskitos und Raupen und Käfer, die großen Frösche fraßen kleine Krabben und junge Ratten. Und es kamen Vögel und Fische und Schlangen und fraßen die Frösche. Und alle waren zufrieden und

Rajit Chitrakaar erzählt, wie es früher war – als noch Frösche in den Sümpfen lebten.

glücklich, denn alle wurden satt. Und die Reisernte war gut.« So fing der Bänkelsänger Rajit Chitrakaar seine Geschichte an und drehte die Rolle in seinen Händen ein Stück weiter.

»Aber eines Tages kamen Männer ins Dorf. Sie hatten Netze mitgebracht und trampelten nachts durch die Reisfelder, leuchteten herum mit ihren Lampen und fingen in ihren Netzen alle Frösche.« Rajit Chitrakaar erzählte die Geschichte ganz ausführlich, denn die Bauern in dem kleinen indischen Dorf dort hinter Kalkutta in Ostbengalen, die Männer und Frauen und Kinder sollten schließlich etwas haben von der Geschichte. Er erzählte, wie die vielen hundert und tau-

send Frösche in Säcken abtransportiert oder gleich im Dorf verarbeitet wurden. Der Froschfänger hockte sich dazu auf die Erde und klemmte ein langes Messer am Griff zwischen die Füße, Schneide nach oben. Dann griff er sich einen Frosch mit beiden Händen und zog ihn auf der Messerklinge so lange hin und her, bis der Frosch in Vorderteil und Hinterteil zerschnitten war. Nach hundert Fröschen war die Klinge nicht mehr sehr scharf, und so dauerte es manchmal eine ganze Zeit, bis der Frosch nach langem Hin und Her quer durchgetrennt war. Der Frosch wehrte sich, er zappelte und wollte weg. Die Hinterteile der Frösche kamen in Säcke und wurden weggefahren.
Die halbierten Frösche lebten noch eine Zeitlang weiter, sie atmeten und zuckten und schleiften Kopf und Leib auf ihren Vorderbeinen über die Erde. Es dauerte etwa eine halbe Stunde, bis sie sich nicht mehr regten. Dann wurden die Vorderteile weggeworfen, sie waren ja nur Abfall.
Die Hinterteile kamen dann mit dem Lkw in die Fabrik nach Chittagong. Dort leerten Arbeiter die Säcke in große Bottiche, rührten in dieser blutigen Brühe herum, häuteten die Beine mit einem geschickten Griff, schnitten die Füße von den Beinen und die Beine von den Hinterteilen der Frösche ab.
Die nackten Schenkel wurden dann in Kisten gepackt und mit dem Schiff auf die Reise gebracht. Viele kamen nach Frankreich, wurden in Dosen umgefüllt. 1 Kilo Froschschenkel, Gewichtsklasse I, 37 bis 50 Stück. Auf der Straße wurden sie mit Brötchen gegessen; in Feinschmecker-Restaurants lagen sie als leckere Vorspeise auf dem Teller. Original französische Froschschenkel – eine Delikatesse.

So ging das Jahr für Jahr. Und was geschah inzwischen in Bangladesch? Ganze Heere von Moskitos übertrugen plötzlich Krankheiten auf die Menschen. Millionen von Raupen und Käfern zerfraßen auf einmal die Reisfelder, die Ratten wurden groß und fett und machten sich in den Dörfern breit.
Und niemand wußte warum.

»Zweihundert Millionen Frösche! Also 400 Millionen Froschschenkel jedes Jahr aus Indien und Bangladesch. Das ist ja kaum noch vorstellbar.« Manfred Niekisch saß in seinem Frankfurter Büro und starrte den Taschenrechner an. Da stand wirklich eine 2 mit 8 Nullen dahinter. Und dabei hatte er noch vorsichtig gerechnet, hatte noch gar nicht geschätzt, wie viele Froschschenkel zwischen den Reisfeldern in Bangladesch und den Delikatessengeschäften in München, Wien und Paris zermanscht und vergammelt auf der Strecke blieben.
Und dann ging ihm noch etwas durch den Kopf. Wenn plötzlich so viele Frösche fehlten in Indien und Bangladesch, das mußte doch irgendwelche Auswirkungen haben. Manfred Niekisch vom WWF begann nachzuforschen, und bald standen ihm fast die Haare zu Berge.

Ein tödliches Kesseltreiben: Den hohen Matten kann kein Frosch entkommen.

Da waren ja nicht nur die entsetzlichen Grausamkeiten bei der »Froschschenkel-Ernte«, die zuckenden Beine, die blutigen Gedärme und die hervorquellenden Augen der Frösche.
Da fing ja plötzlich ein ganzes ökologisches System an zu kippen. Ohne die Frösche vermehrten sich Insekten und Nager wie irrsinnig. Schließlich wog ein ausgewachsener Ochsenfrosch nicht nur ein Pfund, er fraß auch jeden Tag ein Pfund, hatte die Sümpfe und Flüßchen und Tümpel frei von Insekten und Käfern und Ratten gehalten. Und er hatte auch die Insekten in den Reisfeldern vertilgt. Jetzt wurden die Reisernten schlechter, von Jahr zu Jahr.
Doch was machten die Regierungen von Indien und Bangladesch? Sie kauften Gift, Gift gegen Moskitos, Gift gegen Käfer und Raupen, gegen Krabben und Ratten. Sie kauften vor allem DDT, ein Gift, das in Europa wegen seiner Gefährlichkeit für den Menschen schon lange verboten war. Aber hergestellt und verkauft werden durfte es noch in Europa.
Dieses DDT wurde jetzt ohne Sinn und Verstand auf die Reisfelder, die Tümpel und Flüßchen gesprüht. Ohne Sinn und Verstand

– zur falschen Zeit, am falschen Ort und in der falschen Verdünnung.
Und das Verrückteste an der Sache war, Indien und Bangladesch gaben dreimal soviel Geld aus für DDT, wie dort an den Froschschenkeln verdient wurde. Doch – es gab schon Firmen, die an den Froschschenkeln blendend verdienten, aber die saßen in Europa, in Amerika und Australien. Die Reisbauern, die Froschfänger, die Arbeiter in den Fabriken, die hatten kaum genug zum Sattessen. Bangladesch ist eines der ärmsten Länder der Erde.

Jetzt, Mitte der achtziger Jahre, waren Froschschenkel in Indien und Bangladesch kein großes Geschäft mehr. Die Frösche waren knapp geworden. Wenn früher so ein Froschfänger eine halbe Rupie für jeden Frosch bekommen hatte, dann bekam er jetzt eine ganze Rupie, es gab kaum noch Frösche. Und wenn er früher 2 Dollar in jeder Nacht mit dem Fröschefangen verdienen konnte, dann mußte er jetzt für 2 Dollar schon lange suchen; die Frösche wurden knapp.

Manfred Niekisch dachte sich die Sache so: wenn niemand mehr Froschschenkel kaufte, wenn niemand mehr Froschschenkel aß, dann blieben die Händler auf ihren Froschschenkeln sitzen. Und sie würden keinem Froschsammler mehr Geld für Frösche geben. Und die Frösche würden am Leben bleiben. Wenn aber die Frösche am Leben blieben, dann fraßen sie auch wieder Insekten, dann würde die Reisernte wieder besser in Bangladesch, auch ohne die teuren Insektenvernichtungsmittel, an denen sich so viele Menschen vergifteten.
Also schrieb Manfred Niekisch im Namen des WWF einen Zeitungsartikel nach dem anderen, ließ Aufkleber drucken mit dem Spruch »Laßt den Fröschen ihre Schenkel«. Der WWF gab Pressekonferenzen und schaltete Anzeigen in vielen Zeitungen.
Das Echo war überwältigend. Die Telefone beim WWF standen nicht mehr still, der Briefkasten quoll über. Jeder wollte ganz genaue Informationen, wollte Bilder aus Indien und Bangladesch, wollte Zahlen und Daten und Fakten. Jeder wollte helfen.
Wie? Ganz einfach. Keine Froschschenkel mehr kaufen. Laßt den Fröschen ihre Schenkel.
Nun gab es aber Leute, denen völlig wurscht war, auf welche Weise man zu den Froschschenkeln kam. Die wollten Froschschenkel essen, weil sie sich für Feinschmecker hielten. Wie sollte man an diese Leute herankommen?
Auch ganz einfach. Denen mußte man die blutigen Bottiche zeigen, den Schmutz, der in so einer »Froschschenkel-Fabrik« herrschte; diesen Leuten mußte man erzählen, daß Froschschenkel nach Australien nicht mehr eingeführt werden durften, weil sie mit Salmonellen, mit gefährlichen Krankheitserregern, verseucht waren; denen mußte man zeigen, wie die Froschschenkel in In-

Die Menschen in Europa essen die Froschschenkel.

dien und Bangladesch eingefroren wurden, eingefroren mit Eis, das die Männer im Winter in großen Blöcken aus den zugefrorenen Flüssen schnitten, aus denselben Flüssen, in die alle Abwässer der Dörfer und Städte flossen, ungeklärt; denen mußte gesagt werden, daß die Froschschenkel in den Fabriken ordentlich in Chlorlauge getunkt wurden, um die Salmonellen abzutöten. Was daran noch eine Delikatesse sein sollte, das würden sich diese Leute hoffentlich selber fragen. Das alles sagte der WWF den Leuten, sagte es im Radio und in den Zeitungen, sagte es mit Anzeigen und Aufklebern. Und der Westdeutsche Rundfunk drehte einen Film über Froschschenkel.

In Deutschland wirkte die ganze Aktion am besten. Große Ladenketten nahmen die Froschschenkel aus dem Angebot, Küchenchefs strichen sie von der Speisekarte. Wo die Froschschenkel noch auf der Speisekarte standen, da hagelte es Proteste von den Gästen.

Viele Köche waren dem WWF sogar dankbar: »Endlich haben wir gute Gründe und wissen Bescheid. Was sollten wir denn bisher sagen, wenn immer wieder Froschschenkel verlangt wurden?«

In den Jahren 1985 und 1986, in nur zwei Jahren, sank der Verbrauch von Froschschenkeln in Deutschland von 11 Millionen auf Null. Aber das war leider nicht überall so.

Im Oktober 1986 kam es in Kalkutta zu einer »Weltkonferenz über den Handel mit Froschschenkeln«. Das war einmalig, so etwas hatte es bisher noch nicht gegeben.

Jeder, der mit dem Handel von Froschschenkeln etwas verdiente, lief Sturm gegen den WWF. Die paar Frösche, das konnte doch wirklich nicht so schlimm sein, hieß es. Dieses riesige Land dort hinter Kalkutta, das

Gangesdelta, Tausende von Quadratkilometern weit, da konnten doch so ein paar Frösche mehr oder weniger nichts ausmachen, hieß es. Und die armen Reisbauern, die Froschsammler, sollten die auch noch um ihre letzten Rupien gebracht werden?
Aber der WWF war vorbereitet. Viele Ärzte stiegen aufs Podium, Ärzte aus Bangladesch, aus Indien und Indonesien, die immer wieder Menschen mit schweren Hautkrankheiten behandeln mußten, vergiftet vom DDT, das überall in den Dörfern ungeschützt herumstand und nur versprüht wurde, weil es zuwenig Frösche gab; Ärzte stiegen aufs Podium, die immer wieder Menschen mit Malaria und Gehirnhautentzündung behandeln mußten, weil es zu wenig Frösche gab, um die Krankheitsüberträger zu fressen.
Und als der WWF dann auch noch vorrechnete, daß die Insektenvernichtungsmittel aus Europa dreimal soviel Geld kosteten, wie der Handel mit Froschschenkeln einbrachte, da schränkten Indien, Bangladesch und Indonesien den Handel mit Froschschenkeln ein.

Rajit Chitrakaar war am Ende mit seiner Geschichte. Begeistert klatschten die Bauern, die Männer, Frauen und Kinder, ihm Beifall. Der Bänkelsänger wickelte seine Bildrolle auf, legte sie zu den vielen anderen in sein Tragetuch. Da war eine Rolle zum Schutz des Tigers in Indien, eine andere über das Nashorn, auch eine Bildrolle über die Bedeutung des Waldes und was geschieht, wenn man ihn abholzt.

Und auf den Feldern nehmen die Insekten überhand.

Alle diese Bildrollen hatte Rajit Chitrakaar mit dem WWF in Indien genau durchgesprochen, hatte Kräuter gesammelt und damit seine Farben angerührt . . .
Und dann hat er die Bildrollen so gemalt und sich die Geschichten so zurechtgelegt, daß seine Landsleute in den kleinen Dörfern ihn verstanden.

Und dann zog der Bänkelsänger Rajit Chitrakaar weiter, zog über kleine Wege durch die Reisfelder und Sümpfe, zog an Tümpeln und Flüssen vorbei von Dorf zu Dorf. Er zeigte seine Bildrollen, er erzählte seine Geschichten vom Tiger und vom Nashorn, vom Wald und von den Fröschen.

Aber wenn die Bauern ihn fragten, wovon sie jetzt leben sollten, jetzt im Monsun, wenn der Reis wuchs, was sie essen sollten, jetzt vor der Reisernte, wenn sie keine Frösche mehr fangen durften, dann wußte Rajit auch keine Antwort darauf. Vor ein paar Jahren hatte er selber noch Frösche gesammelt.

DAS SECHSTE KAPITEL

in dem von viel zuwenig Störchen erzählt wird, aber auch von Hunderttausenden von Störchen, von bunten Wiesen und tiefen Gräben, von Affenglut und Heuschreckenplage, von schwarzen und von weißen Störchen und davon, warum in Afrika die einen Störche verehrt, die anderen aber verzehrt werden

Stunde um Stunde quälte sich der alte Geländewagen mit seinen abgelatschten Reifen über die Piste. Er war verbeult und klapprig, Lenkung und Bremsen waren nicht in Ordnung, und völlig überladen war er auch: Feldbetten und Dieselkanister, Werkzeug und Wassertanks, Arbeitsgerät und Proviant; das Auto war voll bis zum Dach. Hinterm Steuer saß Holger Schulz. Wich er links einem Schlagloch aus, fuhr er unweigerlich rechts in ein anderes. Schlagloch, Spurrille, Schlagloch, Schlagloch, Steinbrocken – so ging das Stunde um Stunde. Staub wirbelte hoch in die flimmernde Luft, kilometerlang lag er wie eine Fahne über der Piste durch die afrikanische Savanne.
Wenn Holger Schulz einen Augenblick nicht am Lenkrad kurbeln mußte, wischte er sich den Schweiß von Gesicht und Nacken. Neben ihm Ahmed, der achtzehnjährige Schüler aus Karthum, sein sudanesischer Führer und Dolmetscher, wischte genauso. 45 Grad im Schatten mußten es heute wieder sein – aber wo war hier Schatten! Die Sonne stach senkrecht herunter, so nah am Äquator, das Autodach war heiß zum Spiegeleierbraten.

Vor dem Geländewagen tauchte ein Zelt auf, dann noch eins, ein ganzes Dorf. Die Seitenwände der Zelte waren hochgestellt, gaben Schatten und Kühlung. Im Staub hockten Frauen und kochten Foul, Bohneneintopf, über glühenden Holzkohlen, wie jeden Tag im Jahr.

Hinter den Zelten lümmelte ein Junge auf seinem Kamel, bewachte die Schafherde; von Zeit zu Zeit wedelte er müde die Fliegen beiseite. Und drüben, schräg hinter den Schafen, standen etwa 200 Störche im Gras. Kaum machte einer der Störche einen Schritt nach vorn, da sprangen vor seinen Beinen sechs, acht Heuschrecken auseinander. Immer wieder stießen die Störche zu, warfen dann den Schnabel hoch und schluckten Heuschrecken.

Als Holger Schulz den Motor abstellte, hörten Ahmed und er in der Ferne ein Brummen. Sie stiegen aus. Das Brummen kam näher, wurde zum Dröhnen; dann sahen sie das Flugzeug. Dicht über dem Boden donnerte es vorbei und zog eine weiße Schleppe hinter sich her. Erschreckt flüchteten die Störche, und für einen Moment übertönte ihr Flügelschlag den Flugzeugmotor. Der Doppeldecker drehte jetzt eine Schleife, kam zurück, zog wieder seine weiße Nebelschleppe und verschwand im Dunst des Horizonts.

Ganz langsam rieselte der weiße Nebel herunter, wurde zu weißem Staub, der sich überallhin legte, auf das Gras, auf die Heuschrecken und die Erde.

Und morgen?

Wenn die Störche wiederkamen, würden sie die vergifteten Heuschrecken fressen. Denn der weiße Nebel, der weiße Staub, war ein Insektenvertilgungsmittel.

Holger Schulz und Ahmed hatten Tee getrunken mit dem Ältesten des Dorfes, wie sich das gehörte. Der saß in seinem Zelt, vor sich die Messingkanne mit Tee auf dem Holzkohlenfeuer und freute sich über die Abwechslung. Schnell bekamen sie heraus, daß die erwartete Heuschreckenplage noch gar nicht ausgebrochen war. Aber Flugzeug und Insektizid waren nun mal da, freundlich gespendet von den reichen Industrieländern. Da wurde eben gesprüht, sobald sich irgendwo ein paar Heuschrecken zeigten; das waren jetzt noch junge Hüpfer, denn in einen Schwarm flügelschlagender Wanderheuschrecken flog nur ein lebensmüder Pilot hinein. Das Insektizid wurde auch gesprüht, wenn die Heuschrecken noch keine Felder kahlfraßen und auch wenn gar keine Felder in der Nähe waren. Richtig ausgebildet waren die Piloten nicht, die sprühten einfach nach dem Grundsatz: viel hilft viel.

Dann quälten Holger Schulz und Ahmed ihren Wagen wieder auf die Piste, weiter durch den Sudan. Etwa 300 Kilometer südöstlich von der Hauptstadt Khartum waren sie jetzt, hier begann das Rastgebiet der Weißstörche.

Die Straße wurde besser. Die einzige Asphaltstraße im Sudan zwischen Khartum und Port Sudan führte durch das riesige Rahad-Scheme, eins der größten Bewässerungsgebiete in Afrika, 130 Kilometer lang. Neben der Asphaltstraße waren Senken. Dort hatten Baumaschinen den Unterbau für die Straße abgeschoben, und dort sammelte sich jetzt das Regenwasser. Störche standen an diesen Wasserlöchern und tranken. Kam ein Lastwagen angedröhnt, flogen sie erschreckt auf, manchmal direkt in den Wagen hinein. Immer wieder lag neben der Piste ein Storch mit verdrehten, zerquetschten Gliedern.

Nach Stunden kamen Holger Schulz und sein Begleiter zu vier, fünf Hütten und stiegen wieder aus. Hinter einer der runden Strohhütten lagen Storchenflügel herum, auch ein Kopf war dabei und rote Beine. Vorsichtig fragte Ahmed die Leute nach ein paar Kanistern Diesel und hoffte, daß der Sprit diesmal nicht mit Wasser gestreckt war. Schon vor vierzehn Tagen hatten die beiden gepanschtes Dieselöl bekommen und einen halben Tag lang die Einspritzpumpe reinigen müssen.

»Ihr jagt hier Störche?« fragte Ahmed dann so nebenbei.

»Ja«, sagte der Spritverkäufer, »wir jagen Störche hier. Wir essen alle Tage Hirsebrei, und der Hirsebrei ist gut. Aber wenn die Regenzeit kommt, dann kommen viele Störche zu uns, und dann essen wir Störche.« Ob sie denn einen erbeuteten Storch sehen könnten, dolmetschte Ahmed. Denn Holger Schulz wollte ihn messen und wiegen, wollte sehen, wieviel Fett er nach 10 000 Kilometern Flug noch unter der Haut hatte.

Bei ihm nicht, sagte der Spritverkäufer, aber bei seinem Neffen, der hätte gerade einen Storch gejagt, ganz frisch. Also los.

Der Neffe zierte sich. Wenn zwei Männer

Dem natürlichen Verhalten des Weißstorchs entspricht der Nestbau auf Bäumen.

von so weit her kamen, nur um einen Storch zu sehen, da konnte doch nur was faul sein. Erst stritt er alles ab, er hätte gar keinen

Storch gefangen; dann hatte er den Storch verschenkt.
Nach zwei Stunden endlich kam seine Frau aus der Hütte mit einer Blechschüssel in den Händen. Darin lag der Storch. Er war sauber enthäutet und ausgebeint, nur noch Brust und Keulen. Holger Schulz schickte die Augen zum Himmel, es war ja zum Verrücktwerden. An diesen kläglichen Resten ließ sich nun wirklich nichts mehr untersuchen.

Ahmed parkte den Wagen für die Nacht; an ein Hotel, eine Hütte oder an ein Zimmer war ja nicht zu denken. Die beiden packten ihre Feldbetten aus und stellten sie neben das Auto, rammten an jedem Bettpfosten ein Bambusrohr in den Boden und hängten Moskitonetze darüber.
Dann kochten sie Reis, kochten Reis wie schon seit Wochen. Holger Schulz hatte für die Expedition einen ganzen Sack davon gekauft und mehrere Pakete mit Suppenwürfeln. Dazu gab es lauwarmes Wasser zu trinken, soviel man wollte. Wer von Spendengeldern reist, der reist bescheiden; schon der Geländewagen kostete 100 Mark am Tag.

Kurz nach 6 Uhr wurde es schlagartig dunkel, wie jeden Tag; die beiden bestiegen ihre Feldbetten und stopften das Moskitonetz unter den Schlafsack.
Mitten in der Nacht wurde Holger Schulz wach. Irgend etwas knackte und knarzte dicht neben ihm. Wo war bloß wieder die verdammte Taschenlampe – ach, endlich. In dem blendendweißen Licht sah er dicht neben seinem Gesicht eine schwarze Walzenspinne mit borstigen Beinen am Moskitonetz hängen, der Körper groß wie ein Daumen; sie zerknackte mit ihren schweren Kieferzangen eine Heuschrecke. Holger Schulz schlug mit der flachen Hand an das Moskitonetz. Die Walzenspinne flog aber nicht ins Gras, sie lief blitzschnell am Moskitonetz herunter und kroch zwischen Feldbett und Schlafsack. Nachsuchen? Einen Biß riskieren?
Mit leicht verkniffenen Hinterbacken blieb Holger Schulz liegen. Ob die Spinne seinen Schlafsack durchbeißen konnte? An Schlafen war nicht mehr zu denken.
Dafür ging ihm jetzt durch den Kopf, wie alles angefangen hatte. Damals, als die Anfrage vom Ministerium für Ernährung, Landwirtschaft und Forsten in Schleswig-Holstein an den WWF gekommen war. Wer sonst hätte Antwort geben können als der WWF.

Die Herren im Ministerium hatten wissen wollen, was mit dem Weißstorch auf seiner Wanderschaft geschah; 10 000 Kilometer von Deutschland bis nach Afrika im Herbst und 10 000 Kilometer im Frühjahr wieder zurück, das war ein weiter Weg, da konnte viel geschehen. Verhungert oder verdurstet? Abgeschossen oder vergiftet? Wo blieben die Störche? Jedes Jahr kamen weniger Störche aus Afrika zurück, nicht nur nach Schleswig-

Verhungert, verdurstet, abgeschossen ...? Von Jahr zu Jahr kehren weniger Störche nach Europa zurück.

Holstein. Überall in Westeuropa verschwanden die Störche, blieben Jahr für Jahr mehr Storchennester unbewohnt.
Sie verschwanden schneller, viel schneller, als alle Naturschützer erwartet hatten. Im Jahr 1900 hatte es noch 4 500 Storchenpaare allein in Niedersachsen gegeben, heute gab es in der ganzen Bundesrepublik Deutschland gerade noch 500 Paare. Und die brüteten längst nicht alle. Wie sollten sie auch, wenn sie kein Futter mehr fanden, Futter für sich und ihre Jungen? Wurde nicht fast jeder Fluß begradigt, wurden nicht jedes Jahr Tausende feuchter Wiesen mit Gräben durchzogen und entwässert? Nur um noch ein paar Kühe daraufzustellen, die noch ein paar Hektoliter Milch mehr gaben, die keiner trinken wollte? Oder für ein bißchen Ackerland und öde Maisfelder, damit die Bauern mit ihrer Jauche aus der Schweinemast wußten wohin?
Wo sollte der Storch da seine Frösche fangen, seine Mäuse, seine Käfer und Schnekken und Regenwürmer, ja selbst seine Fliegen? Und bunte Wiesen, feuchte Auwälder wurden flurbereinigt, schön ordentlich und

sauber; kein Kraut durfte mehr sein, das keinen Nutzen brachte – das hieß Unkraut und wurde weggespritzt; kein Stückchen Land mehr, das nichts abwarf.
Und zwischen all den Feldern und Wiesen, die aus der Landschaft ein riesengroßes Schachbrett gemacht hatten, standen die Masten der Überlandleitungen. Viele hundert Störche flogen dagegen und brachen sich Flügel, Hals und Beine; oder sie landeten oben auf so einem Mast, wetzten den Schnabel an den Isolatoren und stürzten leblos zu Boden. Stromtod. In manchen Orten waren das mehr als die Hälfte aller jungen Störche.
Früher, ja früher, da brachte der Storch noch Glück. Er brachte im April die Sonne mit aus Afrika zu uns in den Norden. Wo der Storch auf dem Dach stand, da schlug der Blitz nicht ein; und Kinder standen lachend auf der Straße und machten Verse auf den Klapperstorch da oben auf dem Dach.

Storch, Storch, guter,
bring mir einen Bruder,
Storch, Storch, bester,
bring mir eine Schwester.

Aber das war lange her, heute warteten die Kinder vergebens auf den Storch.
Aber warum? Der Grund dafür mußte doch irgendwo auf der langen Reise nach Afrika zu suchen sein! Den Balkan hinunter durch Ungarn, Rumänien und Bulgarien, über den Bosporus in die Türkei, an der Mittelmeerküste entlang nach Israel und in den Libanon, endlich nach Afrika in die riesigen Weiten; und dann im Frühjahr den ganzen Weg zurück. Nein – an unserer modernisierten Landwirtschaft, an unseren paar trockengelegten Wiesen konnte es doch gar nicht liegen. Die Fotos von Störchen mit einem gemeinen Pfeil quer durch den Hals, die hatte man doch oft genug gesehen.
Jedenfalls ließen die Herren im Ministerium nicht locker, sie wollten es nun genau wissen. Also fragten sie den WWF.
Der WWF wußte auch nichts Genaues; aber mit dem Geld vom Ministerium beauftragte er den Vogelkundler Dr. Holger Schulz, der Sache auf den Grund zu gehen.
Und Holger Schulz ging der Sache auf den Grund; er schrieb Hunderte von Briefen, trug Fundorte von beringten Störchen in viele Landkarten ein, die seine Frau gezeichnet hatte, und schickte viele tausend Daten durch den Computer. Langsam zeichnete sich ein Bild ab. Aber Holger Schulz merkte, er mußte den Störchen nachreisen, um wirklich etwas herauszubekommen, nachreisen in einen Kontinent, der dreihundertmal größer war als die Bundesrepublik Deutschland und 10 000 Kilometer weit weg.

Irgendwann war Holger Schulz doch eingeschlafen. Jedenfalls weckte Ahmed ihn am nächsten Morgen, sie tranken Tee, viel Tee. Für jeden Tag rechneten sie acht Liter Trinkwasser pro Nase. Wenn der Körper nicht genug schwitzte, dann überhitzte er in der Sonne; ein Hitzschlag war aber das letzte, was sie brauchen konnten.

Schwarzstorch

Weiter trieben Holger Schulz und Ahmed den Geländewagen die Straße entlang; sie mußten Meilen fressen, mußten Daten sammeln, immer den Störchen hinterher. Die flogen ja, wenn Wasser und Nahrung knapp waren, hinunter bis nach Südafrika; das waren die Ostzieher aus Norddeutschland, die über den Balkan gezogen waren. Die Westzieher aber, die Störche aus Süddeutschland, aus Frankreich und Spanien, die über Gibraltar nach Afrika zogen, die konnten der Dürre nicht ausweichen. Hinter sich hatten sie leere Wasserlöcher, vor sich die Sahara. Manchmal lagen Hunderte von verdursteten Störchen um die trockenen Wasserlöcher. Seit zehn Jahren tobt die Dürre durch Afrika.

Gegen Abend kamen Holger Schulz und Ahmed an ein großes Dorf, ein paar hundert staubgraue Hütten, in der Mitte eine Moschee. Und neben dem Minarett, oben auf der Halbkuppel der Moschee, nistete ein Regenstorch. Warum wurde der denn nicht gejagt?
Sie wurden sogar eingeladen vom Marabut, dem Würdenträger und heiligen Mann des Dorfes. Der wollte sich die beiden Fremden nicht entgehen lassen.
Also quetschten sie sich auf allen vieren durch die Öffnung ins Haus des Marabut, hockten sich hin und bekamen eine bräunliche Flüssigkeit vorgesetzt. Tee, dachte Holger Schulz, aber es war nur ein Schluck aus dem Bewässerungsgraben hinterm Haus.
Dann erzählten sie höflich, was es Neues gäbe. Schließlich stellte Holger Schulz die brennende Frage: »Ihr jagt doch Störche hier. Aber auf der Moschee brütet ein Regenstorch, jagt ihr den nicht?«
Der Marabut lachte laut und ausgiebig. Dann trank er einen Schluck Wasser und

sagte: »Der Regenstorch ist doch der Hüter unserer Häuser, er bringt Glück und Regen, und er bringt die kleinen Jungen. Kein Mann wird daran denken, einen Regenstorch zu jagen, der Regenstorch ist tabu. Wie kommt ihr auf diese Frage? Zum Jagen haben wir den Bagbar, den Weißstorch.«
Im selben Augenblick schoß Holger Schulz eine Idee durch den Kopf. »Aber wißt ihr denn nicht, daß der Weißstorch für uns das gleiche ist wie der Regenstorch für euch? Für uns ist der Weißstorch der Hüter unserer Häuser, er bringt Fruchtbarkeit und Glück und Kinder. Wir freuen uns, wenn wir ihn sehen, und die Kinder lachen und singen ihm Lieder.«
Während Ahmed übersetzte, wurde der Marabut immer nachdenklicher. »Das haben wir nicht gewußt«, sagte er dann, »niemand weiß das hier. Aber wenn das so ist, dann wollen wir den Bagbar nicht mehr jagen, wir achten das Tabu anderer Menschen. Wer ein Tabu verletzt, der wird bestraft werden.« Darauf tranken sie alle noch ein Gläschen braunes Grabenwasser.

Den ganzen Abend knobelte Holger Schulz an einer Idee herum, während sie Reis mit Suppenwürfeln kochten und die Feldbetten aufstellten.
Ein Film müßte her, ein Film auf arabisch, der zeigte, daß der Weißstorch nützlich war für die Bauern im Sudan, weil er viele Heuschrecken fraß. Ein Film mußte her, der den Weißstorch zeigte, wie er auf einem Bauernhaus in Deutschland brütete und auch den Schwarzstorch in seinem Nest auf den Bäumen und Häusern und Moscheen in Afrika. Und zeigen mußte der Film, wie sich die Menschen in Europa und in Afrika an den Störchen freuen.
Und dann mußte ein Geländewagen her und ein Filmprojektor mit einer Leinwand, und ein afrikanischer Mitarbeiter, der in jedes Dorf fuhr im Sudan und diesen Film zeigte. Die Leute in den Dörfern würden ganz verrückt sein nach so einem Film; wer kein Radio hat, kein Fernsehen und kein Kino, der ist dankbar für jede Abwechslung. Und zum Schluß mußte ein Plakat an die Cola-Bar des Dorfes gepinnt werden, ein Plakat, auf dem alles noch einmal ganz genau in Bildern zu sehen war.
Holger Schulz überschlug im Kopf die Kosten. 180 000 Mark mußten reichen, das Geld für den sudanesischen Mitarbeiter auf drei Jahre eingerechnet.
3 000 Störche etwa wurden jedes Jahr im Sudan gejagt. Das war nicht viel, wenn 450 000 Störche durch den Sudan zogen. Aber es war sehr viel, wenn man wußte, daß es jeden Herbst in Deutschland nur noch 6 000 Störche gab. Holger Schulz sah alles ganz genau vor sich. Er lag auf seinem Feldbett, um sich die afrikanische Savanne und über sich die Schwärze der Nacht.

Das war im Jahr 1986. Bis heute hat Holger Schulz noch keinen Geldgeber für seinen Plan gefunden.

DAS SIEBENTE KAPITEL

in dem von Schnee und Eis und Nebel erzählt wird, von einer blühenden Katastrophe und tausend Bären, von vielen Tausend Bambussprossen, die aber viel zu wenige sind, von Satelliten und Sendern und Antennen und vom Menschen mit seinem Hunger auf Land

Wer glaubt, der Große Panda, das Symboltier des WWF, wäre auch einer der ersten Schützlinge des WWF gewesen, der irrt sich. Fast 20 Jahre hat es gedauert, bis eine Forschungsgruppe des WWF nach China in die Provinz Szetschuan reiste. Diese Reise sollte die größte Kampagne des WWF auslösen, denn der Große Panda ist außerordentlich bedroht.

In Szetschuan starb der Bambus. Erst blühte er, dann versamte er sich und starb. Ganze Wälder von Bambus verdorrten und starben ab, ganze Täler in der Provinz Szetschuan wurden kahl.
Nur einmal alle vierzig bis hundertzwanzig Jahre blüht Bambus, je nach der Sorte, aber alle versamen sich nach der Blüte und sterben ab. Und es dauert fünf lange Jahre, bis wieder junger Bambus aus der Erde keimt; das ist von der Natur so eingerichtet.
Der Große Panda, der Bambusbär, lebt aber nur vom Bambus, von Schößlingen und Blättern und Stengeln. Und wo der Bambus stirbt, da stirbt der Panda. Die Katastrophe kam Mitte der siebziger Jahre; damals gab es vielleicht noch 1 000 Große Pandas in Szetschuan. Aber schon ein paar Jahre später waren 140 Pandas verhungert.

Dezember 1980. Dr. George Schaller, Zoologe aus Amerika, kam mit einer Gruppe von Wissenschaftlern im Auftrag des WWF nach China, in die Provinz Szetschuan, und hier in das Reservat Wolong.
Professor Hu Jinchu, einer von Chinas

Aus Zeichnungen wie dieser wurde das Emblem des WWF entwickelt.

Panda-Spezialisten, erklärte ihm die Lage der Pandas – sie war ziemlich hoffnungslos. Erst 1978 war die Forststation in Wolong zum Hauptquartier der Naturschützer geworden, denn Wolong war eines von zwölf Schutzgebieten für den Großen Panda.
Aber damals, im Dezember 1980, wußte man noch viel zuwenig vom Großen Panda, vor allem nicht das, was man brauchte.

Was frißt ein Panda, wann frißt er und wieviel, wann paart er sich und wie viele Junge bekommt das Weibchen? Wieviel Platz braucht ein Panda überhaupt zum Leben? Genauere Daten hatten die Chinesen nur von den Pandas, die sie hinter Gittern hielten. Aber verhielten sich Pandas in Freiheit genauso wie Pandas in Gefangenschaft?
Man kann ein Tier erst schützen, wenn man weiß, wie es lebt. Und um das herauszufinden, war Dr. Schaller nach China gekommen.
Mit Professor Hu Jinchu und den anderen Wissenschaftlern bezog er mitten im Reservat Wolong Stellung, in dem kleinen Forschungsgebiet Wujipeng, fünf mal acht Kilometer groß und 2 500 Meter hoch in den Bergen.

Dr. Schaller und seine Frau lebten sich ein in Wujipeng, machten sich ganz vorsichtig mit dem Gebiet vertraut, denn die scheuen Pandas sollten so wenig wie möglich gestört werden.
Dann wurden Pandas gefangen. Als erster ging ihnen Long-Long in die Falle, ein Panda-Junge, zweieinhalb Jahre alt. Er wurde gewogen – 50 Kilo – und bekam ein Halsband mit einem kleinen Sender umgebunden.
Die nächste, die in die Falle lief, war ein schlankes Panda-Mädchen. Zutraulich ließ sie sich das Halsband mit dem Sender umlegen; sie wurde Ning-Ning genannt, das heißt »nett und freundlich«. Der nächste war

ein recht aggressives Männchen, das versuchte, mit seinen Pranken ein paar Forscher ordentlich zu erwischen.
Danach wurden noch das Weibchen Zhen-Zhen und das Männchen Han-Han mit einem Sender versehen.
Gleich am nächsten Morgen bekam George Schaller einen Empfänger mit Richtantenne in die Hand gedrückt. Erst schraubte er am Empfänger, drehte die Antenne hierhin und dorthin; mal hatte er den einen Panda im Kopfhörer, mal einen anderen. Und es dauerte Tage und Wochen, bis er am Piepen des Senders heraushörte, was dieser oder jener Panda gerade machte. Schlief er? Fraß er? Wanderte er durch das Schutzgebiet? Dr. Schaller schwenkte seine Richtantenne und horchte in den Kopfhörer . . .

Es wurde April. Auf den Flüssen taute das Eis, der Schnee zog sich die Täler hinauf in die Berge zurück. Und der Bambus trieb aus; zwei Zentimeter dicke Schößlinge brachen durch den schwarzen Boden ans Licht. Wenn Dr. Schaller vorsichtig zu seinen Beobachtungsplätzen ging, hörte er manchmal einen Panda im dichten Bambusgestrüpp herumwirtschaften, hörte, wie er Bambusschößlinge abriß und wohlig in sich hineinschnurpste. Fast ununterbrochen ging das so, Abreißen und Kauen, Abreißen und Kauen. Zhen-Zhen war von ihrem Bergkamm im Schnee heruntergestiegen für dieses Freßfest. Also setzten sich auch Dr. Schaller und seine Frau hin und rissen Bambus ab, pflückten Blätter und Sprößlinge und Stengel. Sie aßen den Bambus allerdings nicht, sie untersuchten ihn im Labor. Es stellte sich heraus, daß die Schößlinge nicht nur nahrhaft waren, sondern auch 90 Prozent Wasser enthielten. Zhen-Zhen fraß Tag und Nacht; sie schlief nie länger als zwei, drei Stunden.
Noch im April wurde Zhen-Zhen läufig, zog unruhig ununterbrochen durchs Gestrüpp. Drüben, nur ein paar hundert Meter weiter, hatte sich ein anderer Panda eingefunden; er zog genauso unruhig durch den Bambus, immer um eine Fichtengruppe herum. Zwei Nächte lang winselte und bellte er.
Kaum ließ Zhen-Zhen den fremden Panda an sich heran, tauchte ein zweiter auf, von dem Geschrei des ersten angelockt. Aber der erste Panda verteidigte das Weibchen und bedrängte Zhen-Zhen so sehr, daß sie schließlich vor ihm auf einen Baum flüchtete. Nur für die zwei, drei Wochen der Brunft sind Pandas gesellig, das übrige Jahr leben sie als Einzelgänger.

Dr. Schaller fuhr für einige Tage zum Chengdu Zoo, denn dort war ein kleiner Panda geboren worden. Als er ankam, erwartete ihn schon eine Tierärztin aus New York; sie war nach China geflogen, um das Pandababy mit der Hand aufzuziehen, falls die Mutter ihr Kind in der Gefangenschaft nicht annahm.
Das einzige, was Dr. Schaller von dem Pandababy vorerst sah, war ein winziges rosa Schwänzchen. Mei-Mei, die Mutter, hielt ihr

Mit Empfänger und Richtantenne werden die Pandas auf ihren Wanderungen geortet.

Baby mit dem dichtbehaarten Arm fest an sich gedrückt. Als sie ein bißchen einnickte, sackte ihr der Arm herunter. Da kam das Baby zum Vorschein, rattengroß, rosa, mit spärlichen, silbergrauen Haaren; blind war es und sah aus wie eine verunglückte Gummipuppe.

Als das Pandababy plötzlich die kalte Luft spürte, fing es an zu schreien; es brüllte, als wäre es dreimal so groß. Mei-Mei drückte ihren nackten Säugling sofort wieder an sich und beruhigte ihn mit der warmen Zunge. Dann rollte sie sich zum Schlafen zusammen, das Baby fest in ihren massigen Armen. Mei-Mei legte ihr Baby nicht einen Augenblick in das breite Nest aus Heu, das sie sich in ihrem Käfig gebaut hatte. Und wenn sie aufs Klo mußte, hielt sie ihr Baby vorsichtig zwischen den Zähnen. Kein Wunder, der kleine Panda konnte weder sehen noch laufen, war völlig hilflos gegen jeden Angreifer und gegen die Kälte. Das einzige, was er konnte, war trinken und schreien.

Aber nach sechs Wochen öffneten sich seine

Augen, ihm wuchs das Fell. Jetzt war er schon deutlich als Panda zu erkennen, und er wog glatte fünf Pfund. Er schlief auch nicht mehr in den Armen seiner Mutter.

Als Dr. Schaller im Oktober nach Wujipeng zurückkam, hing Nebel unbeweglich in den Bäumen, füllte die Täler und deckte die Berge zu mit Düsternis.
Nichts hatte sich geändert hier oben, außer dem Bambus. Er war gewachsen, und die Pandas fraßen keine Schößlinge mehr, sie fraßen jetzt Bambusblätter. Würde Zhen-Zhen ein Baby bekommen? Wenn ja, müßte es jetzt bald soweit sein. Niemand hatte sie gestört, niemand wußte Genaues; Zhen-Zhen fraß Bambusblätter oben in den Bergen.
Mitte Oktober benahm Zhen-Zhen sich plötzlich auffällig; sie fraß nur im Morgengrauen und am Nachmittag, schlief stundenlang, zog immer weitere Kreise. Hatte Zhen-Zhen ein Kind bekommen und verloren? Zusammen mit Professor Hu Jinchu beschloß Dr. Schaller, Zhen-Zhen zu suchen. Kopfhoch und dicht stand der Bambus, durch den sie sich im Gänsemarsch einen Weg bahnten. Professor Hu Jinchu immer vorneweg, die Richtantenne zeigte direkt auf Zhen-Zhens Sender. Zu sehen war so gut wie nichts.
Plötzlich teilte sich der Bambus, keine zehn Meter vor ihnen stand neben einem umgestürzten Baumstamm Zhen-Zhen. Der Große Panda grunzte ärgerlich, kam auf sie zu. Professor Hu trat ziemlich eilig den Rückzug an, während Dr. Schaller behende einen jungen Baum erkletterte. Zhen-Zhen witterte, lauschte, aber alles blieb ruhig.
Von seinem Baum aus konnte Dr. Schaller eine alte Fichte sehen mit einer großen Höhle unten im Stamm. Die Höhle lag in tiefem Schatten, aber plötzlich quiekte es laut darin, sehr laut. Sofort machte Zhen-Zhen kehrt und verschwand in der alten Fichte. Dr. Schaller stieg vom Baum, so leise wie möglich. Jetzt wußte er, Zhen-Zhen hatte ein Baby.

Im November fingen die Pandas plötzlich an, Bambusstengel zu fressen; und die Wanderlust überkam sie. Zhen-Zhen verließ immer wieder ihre Höhle, obwohl ihr Baby noch zu klein zum Stehen war, geschweige denn zum Laufen.
Zwei Tage vor Heiligabend holten Dr. Schaller und seine Frau einen Weihnachtsbaum. Sie hatten einen ganz bestimmten ausgesucht; Zhen-Zhen hatte nämlich eine junge Fichte abgebissen und in ihrer Höhle an den Baumstamm gelehnt.
Aber jetzt war die Höhle leer, nur noch ein Nest am Boden aus totem Holz, das Zhen-Zhen vom Stamm gekratzt hatte. Keine Spur von dem Baby.

Dr. Schaller ging den Pandas auf ihren Spuren nach, ohne sie zu stören; durch die Radiopeilung wußte er ja, wie weit sie vor ihm herwanderten. Immer wieder blieb er an

Im dichten Bambusgestrüpp veranstaltet der Große Panda richtige Freßfeste.

niedrigen Ästen hängen, immer wieder fiel ihm Schnee von den Bambusstengeln herunter in den Nacken; es waren mühsame Wege, auch deshalb, weil er eben nicht so wie ein Panda gebaut war.

Mehr als ein Jahr war Dr. Schaller jetzt in Wujipeng. Tagelang hatte er auf einem Felsen gelegen, fünfhundert Meter oberhalb der Station, eingepackt gegen Schnee und Kälte und Nebel in seinen Schlafsack; tagelang hatte er die Radiosignale von Zhen-Zhen, Ning-Ning und den anderen Pandas mit der Richtantenne abgehört. Er war ihren Spuren gefolgt, hatte unzählige Kotballen aus halbverdautem Bambus gesammelt, hatte Bambus gezupft und untersucht.

Und niemals hatte er die Fußstapfen von Zhen-Zhens Baby gefunden. Aber seine Mitarbeiter fanden Tage später Kot vom Leoparden mit Haaren und Klauen von einem Pandababy.

Eines Tages wurde wieder ein Panda für die Forscher gefangen. Es war ein großes, schweres Männchen. Völlig bewegungslos saß er da, still, in sich gekehrt, reagierte nicht einmal auf die Nadel der Betäubungsspritze in seiner Schulter. Er wurde Wei-Wei genannt. Und gerade durch ihn sollte Dr. Schaller erfahren, wieviel Bambus ein Panda braucht zum Leben.

Er folgte seiner Spur. Immer wieder hatte Wei-Wei sich hingesetzt, Bambusstengel zu sich heruntergebogen und abgebissen. Hatte er alle erreichbaren Stengel gefressen, setzte er sich ein, zwei Meter weiter hin. Dr. Schaller zählte die Stengel, zählte die Freßplätze und schätzte Wei-Weis Tagesration auf 3 500 Bambusspitzen.

Zum ersten Male in der Panda-Forschung wurden Mitte der achtziger Jahre Satelliten-Fotos eingesetzt: Die Ergebnisse der Fotos aus dem Weltraum waren niederschmetternd. Noch bis vor ein paar Jahren waren selbst in Naturschutzgebieten alle älteren Bäume rücksichtslos abgeholzt und die gerodeten Flächen unter den Pflug genommen worden. Kein Platz mehr für den Bambus. Und es wurde aufgeforstet, Tausende junger Bäume, dicht an dicht. Kein Platz mehr für den Bambus.

Und immer mehr Straßen und Rodungen und Felder zerschnitten die Schutzgebiete für den Panda, drängten ihn zurück und sperrten ihn ein wie in einen Käfig. Wenn dann in einem solchen Landstrich auch noch der Bambus starb, dann war die Lage für den Panda hoffnungslos. Denn scheu, wie er ist, wanderte er nicht mehr bis in ein Gebiet, wo es noch Bambus gab. Er verhungerte.

Aber auch in den Schutzgebieten hat der scheue Panda keine Ruhe. Noch immer leben 3 000 Menschen in den Reservaten. Einige Bauernfamilien wurden schon umgesiedelt, nur wenige, denn es gibt zuwenig fruchtbares Land – und zuwenig Geld, um alle umzusiedeln.

Der Panda vermehrt sich langsam, viel zu langsam. Deshalb hat der WWF ein Forscherteam nach Szetschuan geschickt, um Pandas in Gefangenschaft künstlich zu befruchten. Denn ein Weibchen wird etwa dreißig Jahre alt und zieht in Freiheit nur fünf bis sechs Babys auf, wenn nichts dazwischen kommt; wenn sie ein Männchen findet in den wenigen Tagen ihrer Fruchtbarkeit im Jahr; wenn sie nicht abgeschnitten wird auf einer der vielen »Bambusinseln« in den Schutzgebieten; wenn kein Leopard und kein Rudel wilder Hunde ihr Junges holt; und wenn sie nicht selbst getötet wird.

Und dann gab es leider auch Menschen, die auf den Panda Jagd machten. Allein im Frühjahr 1988 wurden in Szetschuan 146 Felle von getöteten Pandas sichergestellt. Wie viele Felle wurden gar nicht erst gefunden? Inzwischen steht in China die Todesstrafe auf das Töten eines Großen Pandas.

Etwa drei Millionen Mark wird China brauchen, um dem Panda ein Überleben zu ermöglichen. Wälder müssen ausgelichtet werden, damit unter den Bäumen wieder Bambus wächst. Die vielen kleinen »Bambus-Inseln« müssen durch Schneisen miteinander verbunden wurden, über die der Panda in ein anderes Gebiet wandern kann, wenn der Bambus wieder stirbt. Bauernfamilien müssen umgesiedelt und Felder und Wiesen wieder zu Wäldern gemacht werden, in denen der Bambus wächst. Und es müssen Pandas gezüchtet und wieder in die Freiheit gebracht werden.

Bis heute hat der WWF mehr als eine Million Mark für die Pandas gesammelt.

DAS ACHTE KAPITEL

in dem wieder mal von Geld die Rede ist, aber auch von alten Jeans und einem dunklen Anzug, von Bäumen und Banken, von brechenden Urwaldriesen und rauchenden Wäldern, von Kaugummi und Cola, von Hunger und Millionen Rindviechern, von einer Vier mit zehn Nullen und einem Stück Urwald, das nur den Kindern gehört

»Gucken Sie mal!« Kathryn S. Fuller zeigte auf die Fensterbank neben ihrem Schreibtisch. »Hätten Sie gedacht, daß ausgerechnet wir eine Ehrenurkunde bekommen von der Citibank und der Bankers Trust Company? Ausgerechnet wir vom WWF in den Vereinigten Staaten von Amerika?« Sie lachte quer durch ihr Büro und erzählte.

»Angefangen hat ja alles mit Dr. Lovejoy, das war mein Vorgänger. Der hatte es irgendwann satt, in abgewetzten Jeans und Turnschuhen vor dem Weißen Haus herumzulaufen oder vor dem Capitol oder dem Palast der Weltbank, immer mit einem Plakat zur Rettung der Erde herumzulaufen und rein gar nichts zu erreichen. Aber er hatte es eben nicht nur satt. Er hatte auch die Einsicht, daß eine Erde, die für Geld ruiniert wird, nur mit Geld zu retten ist.

Und dabei kam ihm der große Zufall zu Hilfe: Die Sekretärin von Dr. Lovejoy saß bei irgend so einem Galadinner neben einem der ganz großen Bankmanager. Der fing plötzlich an zu erzählen, mitten zwischen Roastbeef und Forelle blau, schwärmte von den Zugvögeln, die er jeden Sommer auf seinem Landsitz beobachtet hatte, die aber bald nicht mehr kommen würden, weil ein paar Idioten in Südamerika alle Wälder abholzen ließen, eben die Wälder, in denen seine geliebten Zugvögel immer überwintert hatten, Goddamm!

Dr. Lovejoys Sekretärin erklärte freundlich, das wäre furchtbar – aber warum täte er denn nichts dagegen? Der Banker zuckte richtig zusammen. ›Was denn?‹ fragte er dann. Und Dr. Lovejoys Sekretärin sagte: ›Machen Sie einen Termin mit meinem Chef vom WWF.‹

Es dauerte keine Woche, da saß Dr. Thomas E. Lovejoy in seinem besten Zwirn dem Banker gegenüber.
Die beiden unterhielten sich natürlich über Vögel. Der Banker war ein beschlagener Vogelkundler, und da erwies es sich als günstig, daß Dr. Lovejoy seine Doktorarbeit über die Vogelwelt des Amazonas gemacht hatte.«
Kathryn S. Fuller lehnte sich in ihrem Stuhl zurück. »Jedenfalls kam das Geschäft in kurzer Zeit zustande. Was für ein Geschäft, fragen Sie? Na, die sogenannten Entwicklungsländer haben doch Schulden, die ihnen über dem Kopf zusammenschlagen. Jede größere Bank besitzt solche Schuldverschreibungen. Die liegen vermutlich nicht mal im Tresor, weil sie sowieso keiner haben will. Denn die Entwicklungsländer können Ihre Schulden nicht zurückzahlen, sie können oft nicht mal die Zinsen zahlen für ihre Schulden.
Aber plötzlich kommt jemand, bietet für zehn Dollar Schuldverschreibung einen Dollar in bar . . . Sie können sich vorstellen, wie da die Bank jubelt, ist ja kein Wunder. Und der Käufer hat das Geschäft seines Lebens gemacht; der tauscht in den Entwicklungsländern seine Schuldverschreibungen gegen Land ein. Plötzlich gehören ihm riesige Wälder, Tausende von Kilometern. Als erstes läßt er den Wald abholzen, das bringt Geld. Und die Reste läßt er abbrennen, läßt Rinder darauf weiden und verkauft das Rindfleisch für teures Geld in die reichen Industrieländer, also hier zu uns in die USA, zu euch nach Europa.
Der Urwald aber mit seinen Tausenden von Pflanzen und Tieren, das ganze Land geht dabei vor die Hunde; Bäume weg, Sträucher weg, Farne und Gräser, kein Lebensraum für die Vögel mehr, kein Zuhause für die vielen tausend Tiere. Nur noch eine dürre Rinderweide für die Steakhäuser und Hamburger-Fabriken.
Und deshalb sagte Dr. Lovejoy zu dem Banker: ›Sie haben doch selber den Keller voll mit solchen Schuldverschreibungen. Warum suchen Sie sich nicht jemanden, der die Dinger kauft und was Vernünftiges damit anfängt, der den Urwald rettet vor dem Abholzen, vor dem Brandroden, der die Bäume schützt und die Pflanzen und Tiere – und Ihre Zugvögel.‹ So nach dem Motto: Tausche Schulden gegen Natur.
Wollen Sie auch?« Kathryn S. Fuller goß sich eine Tasse Kaffee ein. »Ja, sehen Sie, und so kam das Geschäft eben zustande. Eine Million Dollar für Ecuador und für die Philippinen; Argentinien und Brasilien, Chile und Mexiko wollen mitziehen, Costa Rica möchte einen Nationalpark erweitern. Bis heute sind das fünf Millionen Dollar, und wir vom WWF sind ja längst nicht die einzigen, die auf diese Weise den Regenwald retten wollen.«

Was haben wir eigentlich mit dem Regenwald zu tun, die tropischen Wälder sind doch so weit weg? – Leider haben wir alle sehr viel damit zu tun, denn wir nutzen den Regenwald, ohne daß es uns bewußt ist – ob wir Zeitungen und Bücher lesen, ob wir Möbel aus Mahagoni kaufen oder etwas mit Lacken und Farben anpinseln, ob wir Kaugummi kauen, Cola und Kakao trinken, ob wir unser Frühstücksbrötchen auf einem Brett aus Teakholz streichen, ob wir Tabletten schlucken, selbst wenn wir nur ein Streichholz anzünden, immer benutzen wir ein Stück Regenwald. Sprengstoffe verwenden wir eher selten, aber auch darin kracht der Regenwald mit.

Wir alle beuten also den Regenwald aus, wir in den reichen Industrienationen genauso wie die Menschen in den 76 Ländern, in denen es Tropenwald gibt. Nur gibt es eben nicht mehr viel; die Hälfte des Regenwaldes ist schon abgeholzt, jede Minute fallen 30 Hektar, jedes Jahr mehr als 100 000 Quadratkilometer, das ist dreimal so groß wie die Schweiz.

Wir verbrauchen heute 15mal soviel Tropenholz wie 1950, 66 Millionen Kubikmeter im Jahr. Wenn das kostbare Holz wenigstens noch zu Möbeln verarbeitet würde . . . Aber das meiste davon landet auf dem Müllhaufen!

Die Japaner treiben es am schlimmsten. Japanische Firmen verpacken ihre Motorräder in Kisten aus bestem Tropenholz. Jedes Jahr verbrauchen die Japaner 40 Milliarden Eßstäbchen, 40 000 000 000, Einwegbesteck aus Tropenholz, eine Vier mit zehn Nullen dahinter, nur für den Müllhaufen. Wälder von Schalbrettern, Berge von Sperrholzplatten werden gebraucht, um die Betonsilos für japanische Banken und Firmen und Verwaltungshäuser hochzuziehen; nur einmal gebraucht, wandern sie auf den Müll. Japanische Firmen holzen die Wälder auf Papua-Neuguinea ab, um sie in riesigen Papiermühlen einzustampfen; Japan verbraucht doppelt soviel Papier wie jede andere Industrienation.

Doch die Japaner stehen nicht allein, sie verbrauchen die eine Hälfte des Weltbedarfs, Europa verbraucht immerhin 40 Prozent. Und das alles nur, weil das Holz zu billig ist; trotz des langen Weges vom Wald bis zur Papiermühle ist es billiger als einheimisches Holz. Denn die Länder, in denen noch Tropenholz wächst, sind arm. Sie müssen ihr Tropenholz um jeden Preis verkaufen. Rohstoffe sind das einzige, was wir ihnen abkaufen, zu einem Spottpreis.

Wenn erst einmal die Kreissägen und Seilwinden, die Bulldozer, die riesigen Holztransporter fertig sind mit so einem Stück Regenwald, dann kommen die Bauern. Sie verbrennen den Rest: die abgesägten Äste, den Bruch und die Baumstümpfe, was die Holzleute eben übriggelassen haben, und sie verbrennen die jungen Bäume gleich mit. Die Asche düngt den Boden für zwei, drei Jahre; so lange wächst Gras und ein bißchen

Hier ist der Regenwald noch intakt.

Gemüse, wo vorher der Regenwald stand. Dann wächst nichts mehr.
Dann ist der Boden ausgelaugt und vom Regen ausgewaschen, dann ziehen die Bauern weiter, den Holzleuten hinterher, hungrig und arm und ohne Zukunft. Sie lassen eine Wüste zurück.

Wir wissen ja von unseren Wäldern: Wald wächst nach; erst wachsen Gräser und Büsche und kleine Bäume, aber nach 50 oder 60 Jahren steht der Wald wieder da, fast so schön wie vorher.
Nur mit einer Ausnahme: der Regenwald wächst nicht nach, schon gar nicht von allein. Denn der Regenwald steht eigentlich auf einer Wüste, auf einem ganz armen Boden ohne Nährstoffe. Wenn die Bäume fehlen, die mit ihren Wurzeln das Erdreich festhalten, wenn der Boden erst einmal ausgewaschen ist vom Regen, dann wächst darauf nichts mehr. Deshalb klappt es ja auch nicht mit der Landwirtschaft auf den abgeholzten Flächen.
Der Regenwald erhält sich selbst. Wurzeln saugen das Wasser aus dem Boden, die

Baumstämme pumpen es bis zu 70 Meter hoch in die Baumkronen, die Blätter verdunsten das Wasser. Und dann bilden sich über dem Kronendach der Bäume neue Wolken; selbstgemachter Regen. Und das Regenwasser spült die Nährstoffe in die Erde, Nährstoffe aus den abgestorbenen Bäumen und Lianen, Farnen und Moosen und Orchideen, die sich in der feuchten Wärme unter dem dichten Blätterdach im Handumdrehen zersetzen und zu Dünger werden. Es ist ein riesiger Kreislauf, der Regenwald braucht nur sich selber.

Dabei gibt es nirgendwo auf der Erde soviel verschiedenes Leben. Auf ein paar Hektar Regenwald stehen mehr verschiedene Bäume als in ganz Europa, auf einem einzigen Baum leben bis zu 1 000 verschiedene Käfer; die meisten Insekten und Pflanzen sind uns noch unbekannt.

Wir wissen nicht, wie viele tausend Pflanzen im Regenwald noch unbekannte Wirkstoffe enthalten, aus denen sich Medikamente machen lassen; wir wissen nur, daß fast die Hälfte aller Medikamente aus Pflanzen und Tieren gewonnen werden.

Aber wir holzen den Regenwald ab.

Wir wissen nicht, wie viele Pflanzen im Regenwald noch zu essen sind. Wir wissen nur, daß die meisten Kulturpflanzen, die meisten Früchte und Nüsse und Gewürze einmal aus dem Regenwald gekommen sind; und wir wissen auch, daß viele Menschen heute verhungern, daß die Menschheit sogar immer schneller wächst.

Aber wir holzen den Regenwald ab.

Wir wissen, daß der Regenwald neue Pflanzenschutzmittel bietet, die sofort nach ihrer Wirkung unschädlich werden. Wir kennen einen Regenwald-Baum, der mit seinem Saft einen Dieselmotor antreibt. Es gibt noch Hunderte solcher Beispiele.

Aber wir holzen den Regenwald ab.

Kaum jemand hat sich bisher die Mühe gemacht, einmal nachzurechnen, was ein Stück Regenwald für Gewinn bringen könnte; denn ein Regenwald, dessen Früchte geerntet, dessen Kautschuk gezapft und verkauft wird, bringt in fünfzig Jahren doppelt soviel Geld ein wie ein einmal abgeholzter Regenwald. Aber dieses Geld bleibt in den ärmlichen Hütten, den kleinen Dörfern, den Städten am Rande des Regenwaldes, dieses Geld kommt nicht zu uns; und deshalb holzen wir den Regenwald ab.

Noch schlimmer sieht die Rechnung aus, wenn unter dem Regenwald auch noch Bodenschätze liegen. Dann gibt's kein Halten mehr. In Brasilien ist Erz gefunden worden, Eisen und Mangan, Kupfer und Nickel und Zinn, auch Wolfram und Gold. Um an das Erz heranzukommen, soll Regenwald abgeholzt werden, der flächenmäßig dreimal so groß ist wie die Bundesrepublik Deutschland; weil die vielen Maschinen und Arbeiter Strom brauchen, werden Stauseen gebaut für Wasserkraftwerke, in denen die ganze Bundesrepublik Deutschland Platz hätte.

Selbstverständlich hatten japanische, deut-

Jede Minute fallen dreißig Hektar Regenwald. Zurück bleibt eine Wüste.

sche, amerikanische und sowjetrussische Firmen von Anfang an die Hand, ihr Geld mit im Spiel, sie wollen ja schließlich die Bodenschätze kaufen.
Geld, immer wieder Geld, immer mehr und immer schneller verdientes Geld.

Kinder wollen noch viele Jahre auf der Erde leben, auf einer lebenswerten Erde ...
Es fing damit an, daß eine Lehrerin an einer kleinen Grundschule in Fagervik in Schweden ihrer Klasse Bilder zeigte, Bilder vom Regenwald in Costa Rica. Bäume waren auf den Bildern zu sehen, so hoch wie die Masten der Überlandleitung, armdicke Lianen, riesige Schmetterlinge und schillernde Käfer, Gürteltiere und durchscheinende Glasfrösche und ein fauchender Jaguar.
Als die Kinder alles gesehen hatten, erzählte die Lehrerin, dieser Wald solle abgeholzt werden.
Einer der Schüler ging besonders nachdenklich nach Hause. Und am nächsten Tag stand er vor der Lehrerin: »Du, den Wolkenwald in Costa Rica, den möcht ich kaufen, damit die Bäume stehenbleiben und die gol-

denen Käfer nicht verbrannt werden. Und der Jaguar darf auch nicht sterben.« Dabei legte er sein ganzes erspartes Geld der Lehrerin auf den Tisch. »Ich glaube, es reicht nicht ganz?«
Es reichte natürlich nicht, aber es war der Anfang. Die Kinder von Fagervik wuschen Autos, sammelten alte Flaschen und Altpapier, Mütter buken Torten und machten eine Tombola. Die Sache kam in Schwung, die ganze Schule half mit und sammelte Geld. Eine Naturschutzorganisation in Costa Rica kaufte mit dem Geld der Kinder 1 500 Hektar Regenwald. Es war der erste »Regenwald der Kinder« auf der Erde. Die Meldung ging durch sämtliche schwedische Schülerzeitungen; andere Schulen schlossen sich an. Heute ist der »Regenwald der Kinder« schon fünfzig Quadratkilometer groß. Und in Holland und Dänemark, in Norwegen und Finnland, in Kanada und den USA wird auch Geld gesammelt. Englische Schüler haben selbst schon Land gekauft.
Ein paar Kinder aus Fagervik in Schweden waren inzwischen in Costa Rica und haben sich ihren Wald angesehen.
Den Regenwald zu erhalten ist viel einfacher, als einen neuen Regenwald zu schaffen; aber auch das versuchen schon einzelne Wissenschaftler. Sie pflanzen Bäume, säen Pflanzensamen aus, sammeln Tiere und Pflanzen für einen neuen Regenwald.
Es dauert zwanzig Jahre, bis so eine Wüste wieder mit grünem Leben bedeckt ist. Was in ein paar Tagen abgeholzt, in ein paar Stunden verbrannt war, wird in zweihundert Jahren vielleicht wieder wie ein Regenwald aussehen, und in tausend Jahren, so hoffen die Wissenschaftler, wird es wieder ein Regenwald sein.

DAS NEUNTE KAPITEL

in dem von Mitleid erzählt wird, Mitleid in Säcken, von Sonne und Sand, von Ufern ohne Wasser, von Dürre und Dunst und davon, daß wir Menschen die Natur zum Leben brauchen, nicht umgekehrt

Behäbig donnerte die schwere Transportmaschine mit ausgefahrenen Landeklappen über den Flughafen, schwenkte auf die angewiesene Landebahn ein, kam immer tiefer. Dann ein kurzer Ruck, Gummi quietschte, Staub wirbelte auf. Das Bodenpersonal brachte die Turboprop in Halteposition. *Royal Air Force 295* war angekommen. Die Turbinen hörten auf zu rasen, wippend kamen die Propeller zum Stehen.
Unter dem Surren der Hydraulikmotoren klappte die Ladeluke zu Boden. Arbeitskolonnen verschwanden in dem tarnfarbenen Leib der Maschine, kamen wieder zum Vorschein, diesmal beladen mit Säcken. Und während die schwarzen Arbeiter der einen Maschine den Bauch ausräumten, donnerte schon *Royal Air Force 286* über das Flugfeld, setzte zur Landung an.
Immer mehr Säcke quollen aus den Flugzeugen, endlose Gebirge. Die Säcke waren voll Getreide, voll erstklassigem Getreide.
Mercy Flight stand in großen Buchstaben neben der Pilotenkanzel an jedem Flugzeug, *Mitleids-Flug.*

Diese staatliche Entwicklungshilfe hat schon Millionen und Milliarden verschlungen, aber genutzt hat sie selten; oft hat sie sogar geschadet. Sicher, die hungernden Menschen waren froh und dankbar, wenn sie eine Blechdose voll Weizen bekamen, eine Strohschüssel voll Hafer. Kinder mit dürren Beinen, großen Augen und aufgetriebenen Bäuchen bekamen einen Becher voll Brei. Heute und morgen.
Und übermorgen?
Natürlich mußte der Hunger der Kinder,

Mercy Flight

Frauen und Männer gelindert werden. Aber Getreide und Medikamente – das konnte doch nicht alles sein. Die Kinder, die Frauen und Männer brauchten nicht nur Mitleid.

Gib einem Mann einen Fisch,
und du ernährst ihn einen Tag.
Lehre ihn fischen,
und du ernährst ihn ein Leben lang.

Der WWF wollte anders helfen als die Beamten in den Ministerien für Entwicklungshilfe.

Was machten die Bauern und Hirten eigentlich falsch? Sie lebten doch nun auch nicht anders als seit Jahrhunderten. So lange die alten Männer des Stammes zurückdenken konnten, hatten sie Hirse gepflanzt und geerntet; so lange die alten Männer zurückdenken konnten, hatten sie ihre Herden von Wasserloch zu Wasserloch getrieben, immer auf der Suche nach grünen Weiden. Aber das Leben war schwerer geworden, der Hunger größer von Jahr zu Jahr. Was machten die Bauern und Hirten falsch?

Der WWF schickte Forscher nach Afrika, in den Sahel, an den Wendekreis des Krebses, dorthin, wo die Sonne am Tag der Sommersonnenwende genau senkrecht über der Erde steht, dorthin, wo die Wüste unaufhörlich wächst, wo das Land verdorrt und die Menschen verhungern. Das war im Jahr 1980.

Die Forscher fanden viele Gründe, warum die Menschen im Sahel hungerten. Eine ganze Menge Gründe waren von Menschen gemacht. Aber nicht von den Menschen im Sahel.

Die Sahelzone, das »Ufer der Wüste«

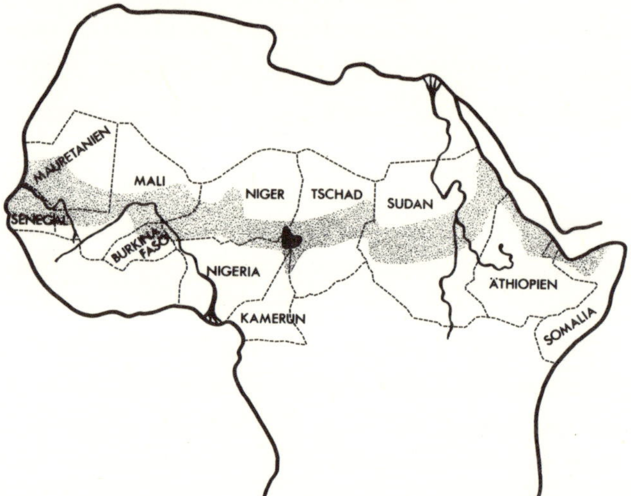

Sahel ist arabisch und bedeutet Ufer, das Ufer zur Wüste, zur Sahara; eine trockene Gegend also, aber doch fruchtbar genug für Hirsebauern und für Hirten.
Eigentlich hatte das Elend damit angefangen, daß die reichen Länder der Erde dachten, den armen Menschen im Sahel müßte man helfen. Sie halfen zum Beispiel mit Medikamenten. Wunderbar, auf einmal blieben viel mehr Kinder am Leben als früher; Frauen und Männer im Sahel wurden älter. Die Arbeit, das Geld hatten sich also gelohnt.
Aber jetzt stieg die Bevölkerungszahl im Sahel sprunghaft an; mehr Menschen brauchten immer mehr zu essen. Also brauchten die Hirten auch mehr Vieh. Mehr Vieh braucht aber auch mehr Wasser zum Trinken. Kein Problem, die Techniker aus den reichen Ländern bohrten tiefe Brunnen. Und die Rinder hatten genug Wasser.
Leider brauchen viel mehr Rinder aber auch viel mehr Gras. Im trockenen Sahel ist das Gras knapp. Die Rinder ließen keinen Halm mehr stehen; was vor ein paar Jahren noch Weideland gewesen war, sah jetzt aus wie frisch rasiert.
Weggefressen bis auf die Wurzel, starb das Gras. Und der glühende Wüstenwind wehte die Erde fort. Immer weiter zogen die Hirten durchs Land auf der Suche nach Weide für ihre Herde.
Und die Wüste breitete sich unaufhaltsam aus.
Seit altersher ist jeder Baum heilig, der am Rande der Wüste steht. Aber in ihrer Not gingen die Hirten hin, hackten die Bäume um und verfütterten das Laub an ihre Herden. Mit dem Holz kochten sie ihr Essen. Und die Wüste breitete sich unaufhaltsam aus.
Wenn der große Fluß, der Niger, zur Regenzeit das Wasser mitgebracht hatte aus den Regenwäldern von Guinea, wenn das Wasser über die Ufer trat und quatschnassen Schlamm auf die Felder spülte, dann war es für die Hirsebauern Zeit gewesen, den Reis und die Hirse zu pflanzen. Fast eine halbe Million Menschen lebten im Sahel von Hirse und Reis.
Aber die reichen Länder der Erde hatten den Bauern im Sahel erzählt: »Ihr müßt mehr Erdnüsse pflanzen und Mais. Denn Mais und Erdnüsse könnt ihr verkaufen, dafür bekommt ihr Lastwagen und Wasserpumpen und was ihr wollt.«
Also bauten die Bauern am Niger mehr Mais und Erdnüsse an. Mais und Erdnüsse brauchten viel mehr Wasser als Hirse; aber das machte nichts, die Bauern kauften sich Wasserpumpen; und für die Wasserpumpen kauften sie Benzin.
Es dauerte gar nicht lange, da waren die Felder ausgelaugt; man kann eben nicht einfach Mais und Erdnüsse anpflanzen, wo vorher nur Hirse gewachsen ist. Also mußte Kunstdünger her; aber für den Kunstdünger reichte das Geld nicht.
Irgendwie war es zugegangen wie mit dem Teufel: die Bauern hatten kein Geld und

Die Wüste breitet sich unaufhaltsam aus.

kein Wasser, keinen Mais und keine Erdnüsse; sie hatten nicht einmal mehr Hirse. Die Bauern mußten hungern. Also zogen sie weiter, und ihre Felder verödeten.
Und die Wüste breitete sich unaufhaltsam aus.

Dann kam die Katastrophe. Der Regen blieb aus.
Es regnete nicht in diesem Jahr und nicht im nächsten, und im übernächsten Jahr regnete es auch nicht. Es regnete überhaupt nicht mehr.
Zuerst verdorrten die Felder. Dann verdorrte das bißchen Gras, das noch geblieben war. Und als es im vierten und fünften, im zehnten Jahr noch immer nicht regnete, da verdorrten auch die Bäume. Nicht einmal die teuren Benzinpumpen brachten mehr Wasser aus den Tiefbrunnen herauf.
Die Hirten trieben ihre Herden an den Fluß, sie trieben ihre vor Hunger brüllenden Rinder über die kläglichen Felder der Bauern. Und die Wüste breitete sich unaufhaltsam aus. Jedes Jahr wächst die Sahara um 6 Millionen Hektar.

Eigentlich ist es ein kleines Programm für den WWF: eine halbe Million Dollar für den Sahel; eine halbe Million Dollar für 25 Millionen Einwohner. Aber es ist ein Anfang. Den großen Zeitungen bei uns ist es noch keine Schlagzeile wert, wenn die Menschen dort oben im Air-Gebirge ihre Hütten nicht mehr aus Palmholzbalken bauen, sondern aus Ziegeln, wie die Leute vom WWF es ihnen gezeigt haben, um die letzten Palmen zu retten; wenn sie ihren Hirsebrei nicht mehr über dem offenen Feuer kochen, sondern auf sparsamen kleinen Öfen; wenn sie Schutzhecken gegen den Wüstenwind anlegen und Baumschulen für einen grünen Wald von morgen.
Nein, Schlagzeilen ist es auch nicht wert, wenn einige Hirten mit Hilfe des WWF versuchen, statt ihrer Zebus lieber Antilopen als Haustiere zu halten, denn Antilopen brauchen weniger Wasser als die Rinder, und sie fressen das Gras nur so kurz, daß es schnell wieder austreibt.
Wie den Menschen in Mali geholfen werden kann, im Überschwemmungsgebiet des Flusses Niger, das erforscht der WWF gerade. In ein paar Jahren werden die Menschen in Mali vielleicht keine *Mitleids-Flüge* mehr brauchen. Aber heute essen die Malier Hirsebauern noch ihr Saatgut fürs nächste Jahr, damit sie nicht gleich verhungern.

Im Jahr 1986 fand die große Tagung des WWF in Italien statt, in Assisi. Der WWF wußte, warum er ausgerechnet die Stadt des

Der heilige Franz von Assisi

heiligen Franz von Assisi ausgewählt hatte. Schließlich war er es gewesen, der den Vögeln predigte und den Wölfen, der die Tiere nicht nur in Schädlinge und Nützlinge einteilte, für den alle Tiere Geschwister waren in der Einheit der Natur.
Auf dieser Tagung bekam der WWF einen neuen Namen, er hieß jetzt **World Wide Fund for Nature,** also **Weltweite Stiftung für die Natur.** Denn die Leute vom WWF wußten ja längst, daß es nichts nützte, hier eine Vogelart zu schützen und dort vielleicht ein paar tausend Schildkröten. Nein, ganze Lebenssysteme müssen erhalten werden, so wie der Regenwald, wie das Wattenmeer oder die Trockensavanne im Sahel, um Tiere und Menschen zu schützen.
Naturschutz weltweit, dafür steht das Kürzel WWF.

DAS LETZTE KAPITEL

in dem von kleinen und großen Inseln erzählt wird, von Comics und Chamäleons, von wenig sauberem, aber viel schmutzigem Wasser, von Blumenwiesen mitten im Asphalt, von Böllern, Jumbos und Millionen und davon, daß niemand etwas schützen kann, das er gar nicht kennt

»Und dann?« Die 7. Klasse saß gespannt da und wartete. Die siebenundzwanzig Mädchen und Jungen saßen auf einer Insel, einer Insel aus Holzbohlen, hineingebaut mitten in einen Teich. Das Wasser unter den Bohlen gluckerte leise, und drüben am Waldrand schrie ein Eichelhäher. Die 7. Klasse hatte Unterricht, auch wenn es nicht so aussah, denn der Unterricht machte Spaß.

»Dann, ja dann haben die Leute vom WWF sich gedacht, wir müssen Madagaskar retten. Sie haben bloß nicht gewußt wie. Man konnte doch nicht zulassen, daß die viertgrößte Insel der Erde einfach hingemordet wurde. Aber erklär mal einem Familienvater, der für seine Familie sorgen muß, er darf nicht mehr hingehen und Tiere schießen und fangen und sie verkaufen, oder er darf nicht mehr den Wald abholzen und dafür Reisfelder anlegen, er darf auch nicht mehr den trockenen Busch abbrennen, damit saftiges Gras wächst für seine Viehherden . . . Der erklärt dich ja für verrückt!« Fritz Heidorn vom WWF setzte sich auf einen der Tische aus dicken Buchenbohlen.

»Aber den *Kindern* von Madagaskar, denen kann man das erzählen, denen kann man erzählen, daß ihre Insel vor ein paar Jahren noch ein Paradies gewesen ist, eine Insel wie aus dem Märchen. Weil Madagaskar sich nämlich vor 150 Millionen Jahren von Afrika abgespalten hat, weil es nirgendwo auf der Erde so viele verschiedene Tiere und Pflanzen gibt wie hier und weil es die meisten dieser Tiere und Pflanzen überhaupt nur auf Madagaskar gibt.

Das Andringitra-Reservat auf Madagaskar

Wenn man das jetzt alles erschießt und abholzt und verbrennt, dann bleibt nur eine rote Wüste zurück, rot wie der Boden von Madagaskar, der die Flüsse färbt und die Reisfelder zudeckt. Aber erzählen kannst du das nur den Kindern. Und auf einmal hatte jemand gesagt: Na, dann erzählen wir das doch den Kindern von Madagaskar, erzählen wir es ihnen mit einem Comic.
Heute gibt es diesen Comic«, sagte Fritz Heidorn. »Denn viele Kinder auf Madagaskar kennen ja die Natur nur noch aus dem Zoo oder dem Botanischen Garten; den Flaschenbaum zum Beispiel, der nur auf Madagaskar wächst, der Wasser speichert, nicht verrottet und sogar den Termiten standhält; oder das Chamäleon, daumennagelgroß oder bis zu einem halben Meter lang, das sich seiner Umgebung so gut in der Farbe anpaßt, daß man einige erst ein- oder zweimal gesehen hat, und die eben nur auf Madagaskar.
Ja, so war das«, sagte Fritz Heidorn, »und heute wird auf Madagaskar mit unserem Comic Unterricht gemacht. Das ist zwar keine spektakuläre Aktion mit Nervenkitzel und Schlagzeilen. Aber in ein paar Jahren wird es vielleicht wieder mehr Leute geben auf Madagaskar, die ihre Insel schützen, damit sie morgen noch darauf leben können. Was einer nicht kennt, das kann er auch nicht schützen.« Und damit ging er zurück über den Bohlenweg und durch den Bruchwald ins Haus.

Chamäleon

Und die 7. Klasse? Die saß noch ein bißchen auf der Insel hinter dem Haus Güthpol in Bremen. Es war ihr erster Tag hier in der Ökologiestation. Die Mädchen und Jungen waren heute mit dem Fahrrad ein Stück den kleinen Fluß entlanggefahren; zuerst in den Auwald, wo es sogar Eisvögel geben sollte. Aber gesehen hatten sie keinen. Dann waren sie wieder auf die Fahrräder gestiegen und den Flußbiegungen gefolgt, immer die Feldwege entlang. Sie hatten Wasserproben genommen und die Pflanzen am Ufer bestimmt.

Morgen sollte die Arbeit weitergehen, morgen wollten sie den kleinen Fluß mit den Fahrrädern ein Stück weiter abfahren; sie wollten sich ansehen, wie die Flußbiegungen plötzlich aufhörten und das Wasser schnurgerade in seinem künstlichen Bett durch die Weiden zog und an der Straße entlang, wie das Wasser langsam immer trüber wurde und dann in einem Rohr verschwand, aus dem es nur noch auftauchte, um stinkig in die Weser zu fließen.

Und übermorgen wollte die 7. Klasse mit dem Schiff die Weser hinunterfahren, die Stadt vom Wasser aus besehen und die Schiffswerften und Fabriken anschauen. Und wie es denn weiterging mit dem Wasser aus dem kleinen Fluß, das wollten sie herauskriegen. Besichtigung eines Wasserwerkes stand auch auf ihrem Programm.

In kleinen Gruppen gingen die Mädchen und Jungen zurück zur Ökologiestation. Die Mikroskope und Reagenzgläser mit den Wasserproben aus dem kleinen Fluß, aus ihrem Fluß, nahmen sie mit. Sie kamen an der hölzernen Wetterstation vorbei. Ja, morgen würde es schön werden.

Die 7. Klasse ist nicht die einzige, die hier nach Bremen kommt; die Ökologiestation kann sich vor Anfragen kaum retten. Und noch etwas gibt es für die Schulen: Wenn eine Klasse findet, daß eine Hecke oder Blumenwiese, ein Schulgarten oder ein Teich eigentlich schöner ist als der Asphalt auf dem Schulhof, dann hilft der WWF.

Er hilft mit Geld für Pflanzen und Samen und Teichfolie. Aber für Motorsägen, Torf oder Mineraldünger gibt es keinen Pfennig, denn das Programm vom WWF heißt: *Natur macht Schule.* So ein Teich muß von den Schülern selbst ausgeschachtet werden, die Pflanzen für die Hecke müssen selbst gepflanzt und der Wildblumensamen selbst gesät werden. Keiner schützt Pflanzen oder Tiere, die er nicht kennt.

Bezahlt wird das alles von einem großen Kreditkarten-Unternehmen, um dem WWF zu helfen. *Naturschutz braucht Geld.*

Dreißig Jahre gibt es jetzt den WWF. In dieser Zeit haben die Leute vom WWF Tausende von Projekten angepackt, haben geforscht und versucht zu helfen. Anzeigen in den Zeitungen bitten immer wieder um Spenden, denn Naturschutz braucht Geld. Bis heute hat der WWF etwa 600 Millionen Mark an Spenden bekommen und auch wie-

Haus Güthpol, die Ökologiestation in Bremen

der ausgegeben. Geld zum Schutz der Feuchtgebiete und zur Rettung der Wälder, Geld zum Schutz der Natur, damit Tiere und Menschen leben können.
Die Überlegung, die am Beginn stand, ist weiterhin gültig: Wenn die Natur für Geld ruiniert wird, dann kann sie auch nur mit Geld gerettet werden.
600 Millionen Mark an Spendengeldern, wieviel ist das eigentlich? Was kann man dafür kaufen? Für 600 Millionen Mark bekommt man gerade drei Jumbojets. Für 600 Millionen Mark bekommt man auch alle Raketen und Böller und Kanonenschläge, die jedes Jahr zu Silvester in einer halben Stunde in die Luft gejagt werden; nein, nicht auf der ganzen Erde, nur hier bei uns in Europa.

Naturschutz braucht Geld.

Naturschutz weltweit

Diese 126 Beispiele zeigen nur einige Schwerpunkte aus der Arbeit des WWF, denn insgesamt sind es fast 10 000 Projekte, die der WWF seit seiner Gründung aufgebaut oder gefördert hat.

1 Norwegen, UdSSR, Kanada, Grönland: Rettung der Eisbären
2 Finnland: Seeadlerschutz
3 Schweden: Fischotterschutz
4 Dänemark, Niederlande, Bundesrepublik Deutschland: Wattenmeerschutz
5 Großbritannien: Nationale Naturschutzstrategie
6 Niederlande: Przewalskipferd-Zuchtprogramm
7 Belgien: Feuchtgebietsschutz am Lac de Virelles
8 Bundesrepublik Deutschland: Auenschutz
9 Schweiz: Lehrer-Service
10 Österreich: »Lange Lacke« am Neusiedler See
11 Frankreich: Camargue
12 Italien: Wolfsprojekt in den Abruzzen
13 Spanien: Coto-Doñana-Nationalpark
14 Portugal: Seevogelschutz auf den Selvagen-Inseln
15 Malta: Ghadira-Feuchtgebiet
16 Ungarn: Schutz des Sakerfalken
17 Jugoslawien: Wiedereinbürgerung des Luchses
18 Rumänien: Donau-Delta
19 Griechenland: Mönchsrobbe
20 Zypern: Meeresschildkröten
21 Türkei: Waldrapp-Brutplätze
22 Afghanistan: Schutz der Nonnenkraniche
23 China: Pandaforschung und -schutz
24 Südkorea: Schutz der Mandschurenkraniche
25 Japan: Iriomoto-Wildkatze
26 Taiwan: Handel mit Nashornprodukten
27 Hongkong: Mai-Po-Naturreservat
28 Burma: Umwelterziehung
29 Thailand: Tarutao-Nationalpark
30 Laos, Kambodscha, Thailand: Rettung des Kouprey
31 Brunei: Batu-Apoi-Regenwaldreservat
32 Malaysia: Orang-Utan-Schutzgebiete
33 Indonesien: Schutz des Java-Nashorns
34 Philippinen: Affenadlerschutz
35 Bhutan: Schwarzhalskranichschutz
36 Nepal: Royal-Chitawan-Nationalpark
37 Bangladesh: Sundarbans-Schutzgebiet
38 Indien: Operation Tiger
39 Sri Lanka: Asiatischer Elefant
40 Pakistan: Wasservogelschutz im Indus-Tal
41 Jordanien: Azraq-Feuchtgebiet
42 Israel: Greifvogelschutz
43 Oman: Wiederansiedlung der Oryxantilope
44 Nord-Jemen: Handel mit Nashornprodukten
45 Tunesien: Ischkeul-Feuchtgebiet
46 Algerien: Schutz der Tarout-Zypresse
47 Marokko: Massa-Nationalpark
48 Mauretanien: Banc-d'Arguin-Nationalpark
49 Senegal: Feuchtgebietsschutz im Senegal-Delta
50 Senegambia: Delta de Saloum
51 Gambia: Umwelterziehung
52 Guinea-Bissau: Schutz der Mangroven
53 Guinea: Primatenschutz
54 Sierra Leone: Outamba-Kilimi-Nationalpark
55 Liberia: Sapo-Nationalpark
56 Elfenbeinküste: Tai-Nationalpark
57 Ghana: Bia-Nationalpark
58 Mali: Niger-Binnendelta
59 Burkina Faso: Wildererbekämpfung im Pô-Nationalpark
60 Benin: Wari-Maro-Regenwaldschutzgebiet
61 Nigeria: Primatenschutz im Bendel-Gebiet
62 Äquatorial-Guinea: Primatenschutz auf Bioko
63 Gabun: Regenwaldschutz
64 Niger: Schutzgebiete im Aïr-Gebirge
65 Kamerun: Wildhüterausbildung in Garoua
66 Zentralafrikanische Republik: Wildererbekämpfung im Bamingui-Nationalpark
67 Tschad: Wadi Rimé- und Wadi Achim-Reservate (Addax- und Säbelantilopen)
68 Ägypten: Gebel-Elba-Feuchtgebiet
69 Sudan: Korallenschutz am Roten Meer
70 Äthiopien: Simien-Mountains-Nationalpark
71 Djibouti: Schutz der Zugvögel
72 Zaire: Garamba-Nationalpark
73 Uganda: Ruwenzori-Nationalpark
74 Ruanda: Berggorillaschutz
75 Kenia: Schutz des Spitzmaulnashorns
76 Tansania: Uzungwa-Nationalpark
77 Zambia: Luangwa-Valley-Nationalpark
78 Malawi: Kasungu-Nationalpark
79 Zimbabwe: Mukuwisi-Nationalpark
80 Botswana: Chobe-Nationalpark
81 Namibia: Schutz der Wüstenelefanten
82 Südafrika: Pilanesberg-Wildschutzgebiet
83 Lesotho: Sehlabathebe-Nationalpark
84 Madagaskar: Montagne-d'Ambre-Nationalpark
85 Seychellen: Schutz der Korallenatolle

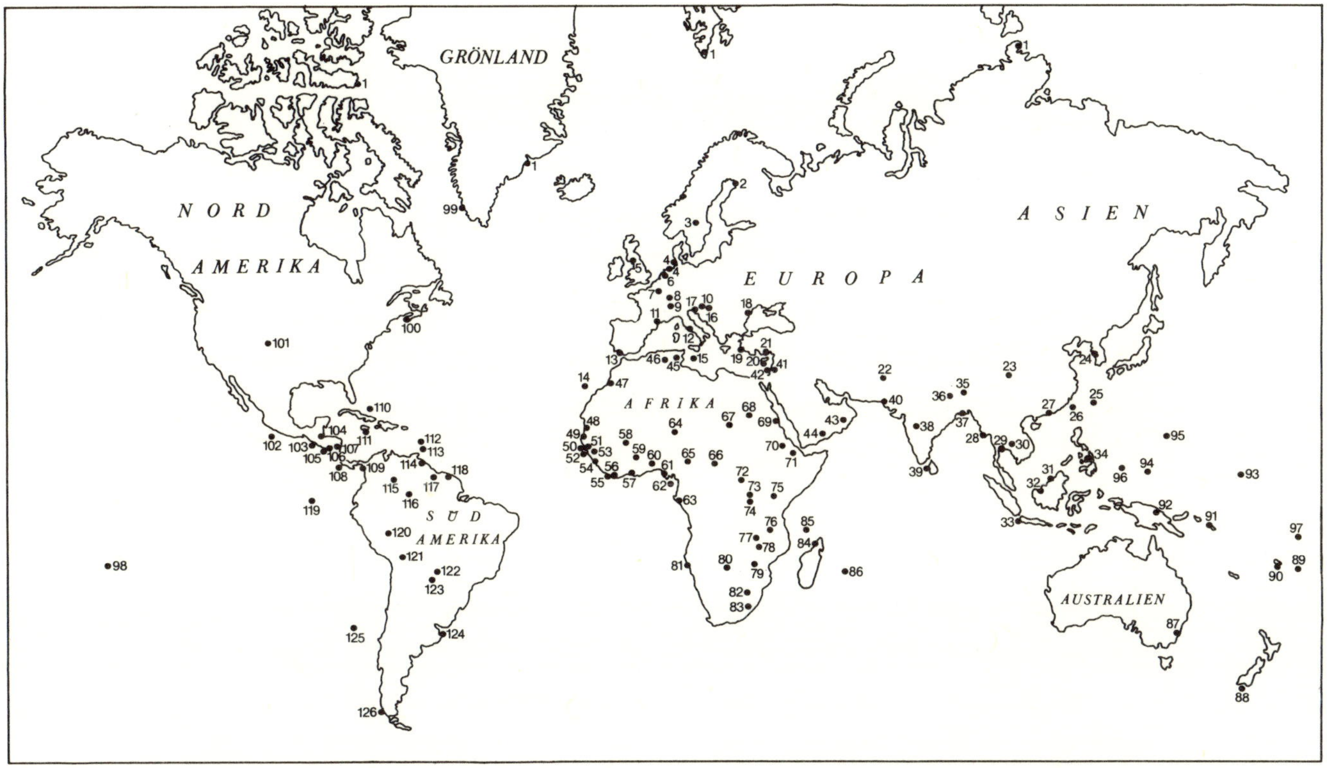

86 Mauritius: Schutz endemischer Pflanzen
87 Australien: Schutz der gefährdeten Flora
88 Neuseeland: Schutz des Eulen-Papageis
89 Tonga: Buckelwal
90 Fidschi: Umwelterziehung
91 Solomon-Inseln: Meeresschildkröten
92 Papua-Neuguinea: Alexandra-Vogelflügler
93 Gilbert-Inseln: Vogelschutzprogramm
94 Mikronesien: Erhaltung mariner Lebensräume
95 Mariana-Inseln: Fledermausschutz
96 Palau-Inseln: Schutz der Küsten und marinen Lebensräume
97 West-Samoa: O Le Pupu Pu'e-Nationalpark
98 Polynesien: Korallenschutzgebiet
99 Grönland: Buckelwal
100 Kanada: Schutz der Wale
101 USA: Wiedereinbürgerung von Wanderfalken
102 Mexiko: Grauwalschutz und -forschung
103 Guatemala: Schutz des Atitlantauchers
104 Belize: Schutzgebiet für Brüllaffen
105 El Salvador: Lago-El Jocotal-Naturschutzgebiet
106 Honduras: La Tigra-Nationalpark
107 Nicaragua: Saslaya-Nationalpark
108 Costa Rica: Tortuguero-Nationalpark
109 Panama: Darien-Nationalpark
110 Bahamas: Schutz von Schmuckschildkröten
111 Jamaica: Meeresschutzgebiete
112 Dominica: Cabrits-Nationalpark
113 Saint Lucia: Maria-Islands-Naturreservat
114 Trinidad: Bestandserfassung von Primaten
115 Kolumbien: El Tuparro-Nationalpark
116 Venezuela: Primatenschutz in Amazonien
117 Surinam: Primatenforschungszentrum
118 Französisch-Guyana: Schutzgebiet
119 Ecuador: Forschungsstation auf Galapagos
120 Peru: Manu-Nationalpark
121 Bolivien: Vicuña-Schutz
122 Brasilien: Lebensraumschutz im Pantanal
123 Paraguay: Primatenschutz im Gran Chaco Boreal
124 Uruguay: TRAFFIC-Büro für Südamerika
125 Chile: Flora und Fauna der Juan-Fernandez-Inseln
126 Argentinien: Schutz des Schopftauchers

Weitere Titel aus der Reihe:

ABENTEUER GREENPEACE

Unter Einsatz ihres Lebens kämpfen die Greenpeacer ihren friedlichen Kampf gegen die Zerstörung unserer Welt:
»Taten statt Warten« gegen Atomtests, gegen Luftverschmutzung und die Verseuchung der Gewässer, gegen das sinnlose Abschlachten und die Ausrottung von Tieren.

ABENTEUER LAMBARENE

Alle Stationen im faszinierenden Leben Albert Schweitzers werden durch den spannenden Text und durch viele Fotos und Illustrationen lebendig:
seine Kindheit und Jugend im Elsaß, der Aufbau des Urwaldkrankenhauses Lambarene, sein Kampf gegen Krankheit und Elend und sein Einsatz für Menschlichkeit und Nächstenliebe.

ABENTEUER MENSCHENRECHT

Mahatma — die große Seele — hat man ihn genannt, diesen außergewöhnlichen, wie einen Heiligen verehrten Menschen, der Indien in die Unabhängigkeit geführt hat. Gandhis faszinierendes Leben, sein gewaltloser Kampf um Freiheit und Menschenrecht, wird durch den spannenden Text und durch viele Fotos und Illustrationen lebendig.
